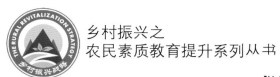

乡村振兴之
农民素质教育提升系列丛书

U0341453

瓜类蔬菜

栽培技术与病虫害防治图谱

◎ 李朝平　杨亚平　主编

中国农业科学技术出版社

图书在版编目（CIP）数据

瓜类蔬菜栽培技术与病虫害防治图谱 / 李朝平，杨亚平主编 . —北京：
中国农业科学技术出版社，2019.7

乡村振兴之农民素质教育提升系列丛书

ISBN 978-7-5116-4104-5

Ⅰ. ①瓜… Ⅱ. ①李… ②杨… Ⅲ. ①瓜类蔬菜—蔬菜园艺—图谱 ②瓜类
蔬菜—病虫害防治—图谱 Ⅳ. ①S642-64 ②S436.42-64

中国版本图书馆 CIP 数据核字（2019）第 059283 号

责任编辑　张志花
责任校对　马广洋

出　版　者　中国农业科学技术出版社
　　　　　　北京市中关村南大街12号　　　　邮编：100081
电　　　话　（010）82106636（编辑室）　（010）82109702（发行部）
　　　　　　（010）82109709（读者服务部）
传　　　真　（010）82106631
网　　　址　http://www.CASTP.cn
经　销　者　全国各地新华书店
印　刷　者　固安县京平诚乾印刷有限公司
开　　　本　880mm×1 230mm　1/32
印　　　张　3.5
字　　　数　90千字
版　　　次　2019年7月第1版　　2019年7月第1次印刷
定　　　价　30.00元

《瓜类蔬菜栽培技术与病虫害防治图谱》

编委会

主　编　　李朝平　　杨亚平

副主编　　费永波　　卢昭云

　　　　　王齐龙

编　委　　冯艳玲　　刘　斯

　　　　　张国际　　罗红娟

农作物病虫害种类多而复杂。随着全球气候变暖、耕作制度变化、农产品贸易频繁等多种因素的影响，我国农作物病虫害此起彼伏，新的病虫不断传入，田间为害损失逐年加重。许多重大病虫害一旦暴发，不仅对农业生产带来极大损失，而且对食品安全、人身健康、生态环境、产品贸易、经济发展乃至公共安全都有重大影响。因此，增强农业有害生物防控能力并科学有效地控制其发生和为害成为当前非常急迫的工作。

由于病虫防控技术要求高，时效性强，加之目前我国从事农业生产的劳动者，多数不具备病虫害识别能力，因混淆病虫害而错用或误用农药造成防效欠佳、残留超标、污染加重的情况时有发生，迫切需要一部通俗易懂、图文并茂的专业图书，来指导农民科学防控病虫害。鉴于此，我们组织全国各地经验丰富的培训教师编写了一套病虫害防治图谱。

本书为《瓜类蔬菜栽培技术与病虫害防治图谱》。瓜类蔬菜主要包括黄瓜、丝瓜、苦瓜、西葫芦、冬瓜、南瓜等。本书首先对黄瓜、丝瓜、苦瓜和西葫芦的栽培技术进行了介绍，接着精选了对瓜类蔬菜产量和品质影响较大的14种侵染性病害，16种生理性病害以及18种虫害，以彩色照片配合文字辅助说明的方式从病害（为害）特征、发生规律和防治方法等进行讲解。

本书通俗易懂、图文并茂、科学实用，适合各级农业技术人员和广大农民阅读，也可作为植保科研、教学工作者的参考用书。需要说明的是，书中病虫草害的农药使用量及浓度，可能会因为瓜类蔬菜的生长区域、品种特点及栽培方式的不同而有一定区别。在实际使用中，建议以所购买产品的使用说明书为标准。

由于时间仓促，水平有限，书中存在的不足之处，欢迎指正，以便及时修订。

编　者
2019年3月

CONTENTS 目 录

第一章 瓜类蔬菜栽培技术 …………………………………… 001

一、黄瓜栽培技术 …………………………………… 001

二、丝瓜栽培技术 …………………………………… 005

三、苦瓜栽培技术 …………………………………… 008

四、西葫芦栽培技术 …………………………………… 010

第二章 瓜类蔬菜侵染性病害防治 ……………………… 012

一、疫病 …………………………………………………… 012

二、炭疽病 ………………………………………………… 014

三、枯萎病 ………………………………………………… 016

四、白粉病 ………………………………………………… 019

五、霜霉病 ………………………………………………… 022

六、灰霉病 ………………………………………………… 024

七、黑星病 ………………………………………………… 026

八、蔓枯病 ………………………………………………… 028

九、白绢病 ………………………………………………… 030

十、绵腐病 …………………………………………… 032

十一、软腐病 ………………………………………… 033

十二、菌核病 ………………………………………… 035

十三、病毒病 ………………………………………… 036

十四、细菌性角斑病 ………………………………… 038

第三章　瓜类蔬菜生理性病害防治 ………………… **041**

一、化瓜 ……………………………………………… 041

二、畸形瓜 …………………………………………… 042

三、黄瓜焦边叶 ……………………………………… 044

四、黄瓜花打顶 ……………………………………… 045

五、黄瓜瓜佬 ………………………………………… 047

六、黄瓜只长蔓不坐瓜 ……………………………… 048

七、黄瓜苗期低温障碍 ……………………………… 050

八、黄瓜高温障碍 …………………………………… 052

九、黄瓜缺素症 ……………………………………… 054

十、冬瓜裂果 ………………………………………… 060

十一、冬瓜缺素症 …………………………………… 062

十二、南瓜日灼 ……………………………………… 066

十三、南瓜缺素症 …………………………………… 067

十四、西葫芦瓜条变白 ……………………………… 069

十五、西葫芦裂果 …………………………………… 070

十六、西葫芦缺素症 ………………………………… 071

第四章　瓜类蔬菜主要害虫防治 …………………… **074**

一、瓜蚜 ……………………………………………… 074

二、瓜田棉铃虫 ……………………………………… 076

三、瓜田烟夜蛾 ···················· 077

四、瓜田斜纹夜蛾 ·················· 078

五、瓜田甜菜夜蛾 ·················· 080

六、黄足黄守瓜 ···················· 081

七、美洲斑潜蝇 ···················· 083

八、美洲棘蓟马 ···················· 085

九、细角瓜蝽 ······················ 086

十、瓜褐蝽 ························· 088

十一、瓜绢螟 ······················ 089

十二、南瓜斜斑天牛 ················ 091

十三、黄瓜天牛 ···················· 092

十四、葫芦夜蛾 ···················· 093

十五、瓜实蝇 ······················ 095

十六、黄蓟马 ······················ 096

十七、侧多食跗线螨 ················ 098

十八、覆膜瓜田灰地种蝇 ············ 099

参考文献 ··· 102

第一章
瓜类蔬菜栽培技术

一、黄瓜栽培技术

黄瓜性喜温暖，不耐寒冷。一般来说，生长适宜温度为20～30℃。发芽最适温度为25～30℃，播种3天可出苗。开花结果期间，以25～30℃果实生长最快。10℃以下生长停止，5℃时有受冻害的危险。经过低温锻炼的幼苗，在短时间内1～2℃的低温也能忍受。超过40℃时停止生长。

黄瓜要求水分多的时期是开花结果期，尤其是在结果盛期需要大量水分。黄瓜对肥料三要素的吸收量以钾为最多，其次是氮，磷为最少。

1. 黄瓜的春提早栽培技术

黄瓜的常规栽培是清明前后播种，芒种前后上市。黄瓜的春提早栽培，实际上就是黄瓜的特早熟栽培。

（1）品种选择。用作特早熟栽培的黄瓜品种，宜选用耐寒能力较强的品种。较好的品种有天津市黄瓜研究所生产的津春2号、津优1号、津优3号。

（2）播种育苗。为达到早熟栽培的目的，播种期宜选在2月上中旬，在冷尾暖头天气播种，播种前，先将苗床用水喷透。下种后黄瓜苗床覆土1厘米，然后用800倍敌磺钠药液将盖土洒透，再用800倍甲氰菊酯药液对苗床及大棚喷洒除虫，然后在苗床上铺上地膜，育苗期间棚内温度应控制在30~35℃，黄瓜播种后3天即有1/3出苗，这时可将地膜揭出，改用小拱棚，根据情况适当洒35℃温水，每隔4天交替使用百菌清、代森锰锌、甲基硫菌灵400~500倍液喷洒一次。5天即黄瓜苗出齐后，棚内温度应控制在14~27℃。

正当黄瓜苗处于1叶1心或2叶1心时，及时喷施200~250毫克/千克的乙烯利溶液，诱导雌花，有明显的早熟增产作用。乙烯利浓度过高或过低，效果均不理想。然后每5~6天用百菌清、代森锰锌、50%甲基硫菌灵400~500倍药液喷一次，嫁接后10~15天将黄瓜苗断根，6天后即可开始移栽。

（3）施肥作畦。每亩①可施腐熟的厩肥2.5~3吨，磷肥100千克，复合肥50千克，钾肥100千克，施肥后翻土作畦。

作畦以畦面宽1.2米为宜，高畦整地，平整好喷除草剂后盖地膜，3天后定植。

（4）定植。定植的最佳时期是嫁接黄瓜苗成活后6~7天的晴天，定植时按株距27厘米，每畦栽2行的株行距密度进行。定植时将苗子第一片真叶面向阳光一面，浇一遍缓苗水，然后用土将定植孔四周压紧。栽后用小拱棚覆盖，闭棚5~7天，有利缓苗返青。

（5）田间管理。

一是肥水管理。黄瓜对水分要求严格，其特点是开花结果前，需水量少，结果期需水量多，早春黄瓜前期气温低，且常有

---

① 1亩≈667米²，全书同。

阴雨，一般不需淋水，进入盛果期，已是立夏前后，这时大棚已揭顶膜，南方这时正是梅雨季节，自然水分不少，除干旱天气需每天淋水1～2次外，一般也不需淋水，反而要注意防涝排渍。关键是追肥，从开花结果起，可用复合肥配成0.5%的肥液淋蔸，7～10天一次，同时，还可喷施2003植物动力、磷酸二氢钾、高效复合肥等叶面肥。

二是植株调整。抽蔓后即插架盘蔓，避免绞藤。大棚内中间两畦可采用吊绳方式；露地在小拱棚膜揭后即可插架，有"人字架""鸟窝架"和"篱笆架"3种形式，宜采用"篱笆架"。蔓长达40厘米绑蔓一次，以后3～4节绑一道。绑蔓宜在下午进行，可减少或避免断蔓。

打侧蔓。侧蔓虽结果早，但畸形瓜多，商品价值不高，使用乙烯利诱导雌花后，主蔓雌花节位低，且雌花数量多，及时抹除侧蔓，有利养分集中，确保主蔓瓜多快长。

摘顶心。当主蔓满架时摘心，使之结瓜整齐，果形直，早出园，因早春黄瓜后期价低，可趁早安排下茬作物。

疏花疏果。经乙烯利处理后的黄瓜苗，雌花也多，有的节位多达2～3个。因此，及时疏花疏果，可确保有限的养分促进其生殖生长，使其多结瓜、结好瓜。

及时摘除老、病叶。到中、后期，及时将老、病叶清除，有利通风透光，减少病原基数。

三是及时采收。从播种到开始收获，需65～75天。采收的标准是在谢花后8～10天。尤其是头瓜、坠地瓜要提早采收，以免影响其蔓叶后续生长。更为重要的是特早熟栽培，要想效益高，尽快提早上市是关键，嫩瓜上市产量虽低一点，但效益要高出好几倍。

四是病虫防治。春黄瓜的病害很多，但以枯萎病、疫病、霜霉病为重。虫害主要有蚜虫、守瓜及瓜娟螟3种，防治方法略。

2. 秋延后黄瓜栽培技术要点

秋延后黄瓜栽培，是秋黄瓜的延后栽培，利用大棚生产播期较秋黄瓜晚，上市收获期可延至11月底或12月上、中旬，冬季天气尚好，可延至元旦前后罢园。其栽培技术要点如下。

（1）确定播种期。湘北地区宜在8月底至9月上旬播种。

（2）选准品种。津杂2号、津春4号这两个品种，是较理想的秋延后栽培品种。

（3）嫁接育苗。秋延后栽培黄瓜，宜用嫁接育苗。

（4）激素处理。当瓜苗长至2叶1心期时，用250毫克/千克乙烯利喷雾，能诱导雌花产生，提高产量。

（5）植株调整。及时进行植株调整，是秋延后黄瓜丰产的关键技术之一。

绑蔓：当瓜苗抽蔓后，就应进行绑蔓，以后每3～4节就绑一道。

打枝：黄瓜虽有侧蔓早结瓜的习性，侧枝一般留1条瓜后及时断尖，促其主蔓结瓜。

摘顶：当黄瓜苗长至离棚顶20厘米时，将顶心摘掉，并留3～4个侧枝。

疏花：黄瓜每一节腋内产生很多雄花，消耗养分，在每一节腋内留一朵未开雄花即可，其余摘掉。

疏果：及时摘掉畸形果，是确保产品优质的重要一环。

疏叶：当进入中后期时，底部的老叶、病叶应及时打掉，以利通风透光透气。

（6）肥水管理。黄瓜秋延后栽培，在施足底肥的情况下，进入开花结果期时，追肥应采取小浓度多次数的方法进行，即勤施薄施。

秋延后黄瓜栽培，对水分要求特别多，因其整个生育期都处于秋旱季节，地下水位低，加之黄瓜进入开花结果期后，需要大量水分，在这个时期如果水分供应不足或不及时，就会大大削弱继续结果能力，甚至使正在生长的果实产生尖嘴细腰等畸形果，失掉商品价值。因此，秋延后黄瓜的生产，应充分保证水分供应，可以结合追肥浇水，也可灌水。

（7）及时盖棚。进入寒露后，晴天气温虽高，但夜间温度已经低于黄瓜生长适温的低限线。因此，秋延后黄瓜栽培，应在10月上、中旬及时盖棚，以防霜冻。由于秋延后黄瓜栽培其结果期基本上是在大棚内度过，因此，半圆形大棚生产秋延后黄瓜，在茬口安排上，就只能是中间两块土，两边需种植矮生作物。

（8）病虫防治。秋延后黄瓜病害，主要是霜霉病、细菌性角斑病和炭疽病。虫害主要有蚜虫、美洲斑蝇和守瓜。防治方法略。

（9）温、湿度管理。大棚盖膜后的温、湿度管理，主要是通过关、开大棚门和揭、闭膜来调控温度和湿度。

当气温高于32℃时，必须揭膜通风降温，保持适温24～32℃，也就是说，晴天，从上午10时到下午4时开门、揭膜；阴天当气温（室外）在15℃以上时，可开南门通风换气，低于15℃时，只在中午将南门开启30分钟；当低于10℃时，闭棚。

二、丝瓜栽培技术

丝瓜属于要求温度较高的蔬菜，性喜温，耐热力强，但不耐寒。发芽适温为28～32℃，植株生长发育适温为25～30℃，15℃以下生长缓慢，10℃以下幼苗生长受到抑制。

丝瓜能耐高湿，是瓜类作物中耐涝喜湿最强的蔬菜作物。丝瓜是强光短日照植物。在短日照条件下，植株发育进程快，并且会降低雌花着生节位。近年来，通过采用设施栽培方式，可以使丝瓜的上市时间提早，获得高效益。这里重点介绍春提早栽培技术。

1. 品种选择

丝瓜品种很多，用作春提早栽培的品种有长沙肉丝瓜、早佳系列、肉丝瓜、湖北咸阳市的早杂肉丝瓜。

2. 播种育苗

早春丝瓜播种宜在2月中、下旬于大棚覆盖内进行。亩用种0.5～0.7千克，因丝瓜种子的种壳较厚，播种前宜先浸种和催芽。催芽温度为28～32℃。当2/3的种子开口露白时即可播种。

播种可用营养块或营养钵育苗。在播种前将苗床灌足水，湿度达到饱和状态，使床土沉实。点种前可将事先兑好的灭菌药土少部分撒于每个营养块中间，然后每个营养块点种3粒，点完种后，种子上面盖药土0.2～0.3厘米，再盖细土2～2.5厘米。播种后6～8天出苗，揭去稻草和地膜，用百菌清400～500倍药液喷洒一次，以防猝倒病。此期要使小拱棚内的温度控制在白天25～32℃，夜间16～20℃。到2叶1心时定植，约需30天。定植前3～4天要浇足苗床水，以便于定植取苗时带土坨完整和减轻伤根。

3. 施肥整土

早春栽培丝瓜，应重施基肥，以充分腐熟发酵的猪、牛、鸡、鸭粪为主，辅以亩施用过磷酸钙100千克，草木灰150～200千克。结合深翻地把肥料施入整个耕作层，使肥力充足，耕层疏松。大棚早春栽培丝瓜，一般在大棚两边种植丝瓜，中间套种其他矮生作物，因此整地较为简单，可起垄，也可作畦。

4.定植

当苗子长到2叶1心时，也就是苗龄30天左右时，进行定植。株距50~60厘米，可用地膜覆盖栽培，能促使早上市5~10天。定植后用小拱棚覆盖，闭棚5~7天，以利缓苗。

5.田间管理

定植后前期的管理，主要是棚温的管理。控制温度不能超过30℃，也不低于15℃。主要是通过开启棚门，揭盖小拱棚来调节。

（1）植株调整。主蔓打枝，每株留2~3个侧枝，任其生长，其余侧枝全部摘除。由于丝瓜雄花为总状花序，雄花太多，影响营养生长，除每隔2~3节留一朵雄花外，可将多余的雄花全部及早摘除。

（2）人工授粉。前期因无雄花，用2,4-D药液30毫克/千克点花，刺激子房膨大，促进坐果，稍后10天左右，每天早晨9时前进行人工授粉，是提高坐果率、成瓜率的重要技术环节。

（3）追肥。丝瓜因其连续结瓜期长，应进行多次追肥。小满后，可将地膜揭去，中耕后追肥，5月底前追肥一次，6—7月每半月一次追肥，8—9月每7~10天一次追肥。追肥以腐熟的人粪尿、鸡鸭粪为好，也可用俄罗斯三元复合肥浇施，用量视其苗情而定。

（4）及时采收。丝瓜是以嫩瓜为商品瓜，因此，及时采收，尤其是早春，显得尤为重要。丝瓜大棚早熟栽培，目的是早上市、卖高价、获高利。

（5）病虫害防治。大棚丝瓜主要病害是疫病、蔓枯病、霜霉病和细菌性角斑病；虫害主要有蚜虫、守瓜、斑潜蝇和瓜绢螟。

三、苦瓜栽培技术

苦瓜种子发芽适温为30～33℃，在12℃恒温条件下不发芽。生长的适宜温度为20～30℃，在15～25℃的范围内，温度越高，越有利于苦瓜的生长发育，结果早，产量高。而30℃以上、15℃以下对苦瓜的生长和结果都不利，苦瓜比较耐热，也能适应比较低的温度。

苦瓜属短日照植物，对光照长短的要求不严格，喜光不耐阴。

苦瓜喜湿不耐涝，要求土壤相对湿度达85%，但不宜积水，积水容易烂根。苦瓜耐肥而不耐瘠薄，适宜在富含有机质的壤土栽培，并要求氮、磷、钾、镁齐全，因此，充足的肥料是高产的保证。

1. 品种选择

蓝山大白苦瓜、吉安白苦瓜和大白苦瓜。

2. 播种育苗

根据苦瓜对温度要求的特点，播种期宜在立春前后用加温苗床育苗，同时采用营养块或营养钵育苗有利于培育壮苗。苦瓜因其种壳厚，在浸种后将种壳敲破，有利发芽。

播后4天内小拱棚内温度应保持在25～30℃，以后保持在20～25℃，当50%出苗时揭去地膜，若干旱时可轻洒一次水。当幼苗长至2叶1心时，可撤去小拱棚炼苗。出苗后用百菌清喷洒，以防猝倒病，10～15天一次。春分至清明在大棚或小拱棚内定植。

3. 起垄定植

一般按亩施充分腐熟发酵的鸡鸭粪200～300千克、猪圈粪及堆沤的土杂肥4～5吨，过磷酸钙100千克，硫酸钾30～40千克，碳铵50千克作底肥，结合挖土将肥料均匀施入耕作层。

大棚内定植一般将与其他矮生作物套种，只栽大棚两边，因此，大棚栽培苦瓜，只在大棚两边起垄，株距35厘米，每个大棚栽200株左右。株距开较大的穴，把苦瓜的苗坨（钵块）栽于穴内，要先将苗坨栽埋一大半，留浅穴浇上定植水。水渗完后封穴，使苗坨顶面与土面相平。定植后盖好地膜，小拱棚定植，定植时间应在春分前后，畦宽以2米为宜（含土沟），双行栽培，搭平棚或拱棚架。

4. 田间管理

苦瓜幼苗期和伸蔓期均生长缓慢，自苗龄期35天左右于大棚内套栽后，需再经60~70天主蔓才生长到1米左右，开始坐瓜。这段时期是结合棚内先植蔬菜的管理对苦瓜进行兼管的。此期的管理主要是温度的管理，使棚内气温保持在白天25~30℃，夜间14~18℃。在这个条件下，主要通过开启棚门的揭盖棚膜来进行管理，到小满前后，可将大棚裙膜揭去。

（1）植株调整。当植株主蔓长到45厘米左右时，就开始整枝、吊、引蔓。因大棚内栽培苦瓜种植密度较大，靠主蔓结瓜，去掉侧蔓后，以集中养分促进主蔓生长粗壮和叶片肥大，能增加结瓜量。摘除侧蔓时最好选择晴天中午前后进行。

（2）肥水管理。当采收第二批瓜后，管理上应以加强肥水供应为中心，而肥水供应又以肥为重点。一般采取7~8天追肥一次，6月上旬可将地膜揭去，追肥每次按亩施硫酸钾和尿素各7~8千克，为引发新根，促进壮秧，可亩喷施植物动力2003或其他叶面肥。

（3）及时采收。一般当幼瓜充分成长时，果皮瘤状突起膨大，果实顶端开始发亮时采收为宜。如果后期肥水管理跟得上，到9月下旬至10月上旬仍然可收到商品性较好的苦瓜。

（4）病虫害防治。苦瓜的主要病害是白绢病、枯萎病、病毒病和斑点病。虫害主要是黄守瓜、瓜绢螟、白粉虱和瓜蚜。

四、西葫芦栽培技术

西葫芦是一种营养价值较高，比较容易种植的蔬菜，还是度"春淡"的主要瓜类蔬菜之一。

西葫芦原产于中美洲热带高原地区，所以性喜温，又耐低温，对温度有较强的适应性。苗期适宜的低温有利于促进花芽分化和雌花的形成。瓜果生长膨大的适宜温度为10 ~ 20℃，在32℃以上高温下花器发育不正常。

大棚内反季节栽培的西葫芦，冬季凌晨5时至6时30分花朵完全开放，人工授粉的适宜时间为7时至8时30分，最迟不能迟于9时。

西葫芦对大量元素的吸收量以钾最多，氮次之，钙居中，磷和镁最少。

1. 西葫芦春提早栽培技术

（1）品种选择。早青一代。

（2）播种育苗。多层覆盖大棚冷床营养钵育苗，播种期12月中旬至2月上旬。

（3）定植。幼苗2叶1心选晴天，可进行大棚定植，株行距为60厘米×50厘米。

露地定植加盖小拱棚，可于2月中、下旬进行。

（4）田间管理。

定植后盖小拱棚并闭棚5 ~ 7天，促进生根返青。

缓苗期过后，以降低棚温来防止秧苗徒长，促进雌花的分化形成，早现雌花，早坐瓜。

植株雌花开放后，用2,4-D30毫克/千克点花，以促其坐瓜。当有雄花后，早晨7时前后进行人工授粉。

坐瓜后适当提高棚温加速植株生长，加速根瓜膨大。

首批嫩瓜采收以后的管理：以降温降湿为主，3月中、下旬可将小拱棚揭去。适量浇水，以追肥为主，追肥时以钾、氮肥为主，每次亩追施硫酸钾10～15千克和尿素8～10千克。

2. 西葫芦秋延后栽培技术要点

（1）品种确定。早青一代。

（2）及时盖棚。10月上、中旬，一定要盖好大棚，定植时使用地膜覆盖。

（3）植株调整。及时做好吊蔓绑蔓工作，及时摘除多余雄花，及时疏除病老残叶。

（4）激素保果。立冬后，气温下降，当气温低于15℃时，需用2,4-D30毫克/千克液点花，促进坐果。

（5）肥水管理。总原则是"浇瓜不浇花"。每摘收1～2个瓜追一次肥。做到氮、磷、钾配合施用，每次亩施尿素5千克，过磷酸钙和硫酸钾各4千克。

（6）大棚管理。总原则是植株生长期控制温度不高于28℃，瓜果膨大期控制温度不高于20℃，也不低于10℃，在这温度界线上，来进行大棚门窗的关与闭，多层覆盖物的盖与揭。

（7）病虫防治。病害主要是果腐病和灰霉病，使用百菌清、瑞毒霉有较好的防治效果。虫害主要是蚜虫和茶黄螨。用吡虫啉、氟虫脲防治。

（8）及时采收。当瓜长到500克左右时，即可采收。

第二章
瓜类蔬菜侵染性病害防治

一、疫病

1.病害特征

疫病主要为害黄瓜、西瓜、甜瓜、冬瓜、丝瓜等，是测报和防治难度较高的瓜类主要病害。瓜类疫病在瓜类整个生育期均可染病，主要为害茎、叶、果各部位。叶片染病，出现圆形的暗绿色小斑点，边缘不明显，成株期以茎基部发病较多，呈暗绿色水渍状，病部明显缢缩，叶片逐渐萎蔫致全株枯死；果实染病，病斑暗绿色水渍状凹陷，瓜条表面有灰白色霉状物（图2-1至图2-5）。

2.发病规律

病原菌为甜瓜疫霉，属鞭毛菌门真菌。病原菌以菌丝体或卵孢子及厚垣孢子随病残体遗留在土中越冬，翌年温湿条件适宜时，即长出孢子囊，借助雨水或灌溉水传播，成为初次侵染来源。夏季在大风雨或暴雨后，即有瓜疫病流行。卵孢子在土壤中能存活5年以上。瓜类连作地，地下水位高、排水不良的地块，发病较重。

图2-1　黄瓜疫病叶片症状　　　　图2-2　黄瓜疫病茎部症状

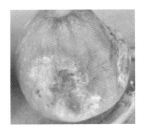

图2-3　黄瓜疫病果实　　图2-4　西瓜疫病果实　　图2-5　甜瓜疫病果实
　　　　症状　　　　　　　　　症状　　　　　　　　症状

3. 防治方法

（1）与非瓜类作物轮作3年以上。

（2）选择地势高燥，排水良好地，实行高畦地膜支架栽培，雨季加强排水，降低土壤水分。严防大水漫灌，水位不超过畦面。发现病株立即销毁。

（3）防治着重在下雨前后和发病初期。有效药剂有75%

百菌清可湿性粉剂600倍液、72％霜脲·锰锌可湿性粉剂800倍液、10％烯酰吗啉水乳剂400倍液、70％乙膦铝·锰锌可湿性粉剂500倍液、72.2％霜霉威盐酸盐水剂600倍液、58％甲霜灵·锰锌可湿性粉剂500倍液、50％甲霜铜可湿性粉剂600倍液。

二、炭疽病

1.病害特征

炭疽病可为害黄瓜、冬瓜、苦瓜、丝瓜、西葫芦、南瓜、甜瓜、西瓜等瓜类植物。叶、茎、果均可受害，不同瓜类作物的症状不完全相同。瓜类幼苗发病，子叶边缘出现褐色半圆形或圆形病斑；茎基部受害，病部缢缩，变色，幼苗猝倒。成株期叶片、茎蔓和瓜果都可受害，不同瓜类其症状稍有差异。果实染病，病斑近圆形，初呈淡绿色，后为黄褐色或暗褐色，表面有粉红色黏稠物，后期常开裂。有时出现琥珀色流胶（图2-6至图2-11）。

图2-6　黄瓜幼苗炭疽病

图2-7　黄瓜叶片炭疽病

图2-8　西瓜叶片炭疽病

图2-9　西瓜果实炭疽病

图2-10　丝瓜茎部炭疽病

图2-11　甜瓜果实炭疽病

2. 发病规律

病原菌为葫芦科刺盘孢，属无性型真菌。病菌主要以菌丝体在被害残体上遗留地表和土中越冬。由于病菌有黏稠物，主要借雨水、天幕滴水等返溅而传播。病菌生长温度较高，适温23～24℃，最高32℃，最低6℃。在瓜类蔬菜的连作地块及使用瓜地用过的架材地块发病。苗期遇上多雨，最易感病。地下水位高，排水不良地发病重。在保护地通风不良、高温高湿，或天幕滴水多、叶面结露时间长，均易发病。

3. 防治方法

（1）实行3年以上非瓜类作物轮作，水旱轮作更好。

（2）种子消毒可用55℃温水浸种15分钟，或以种子重0.4%的50%多菌灵拌种。

（3）塑料膜拱棚栽培有避雨防病作用，宜推广简易塑料膜覆盖栽培法。

（4）露地栽培推广高畦铺地膜，或铺稻草、麦秸等方法，以防土壤病菌返溅传播。雨季加强排水，减少土壤水分。

（5）预防和兼治其他病害，开花初期或幼果期各喷1次75%百菌清可湿性粉剂600倍液，或用70%代森锰锌可湿性粉剂500倍液，50%多菌灵可湿性粉剂600倍液，或用50%多菌灵可湿性粉剂、75%百菌清可湿性粉剂和水以1∶1∶800比例的混合液喷施，具增效作用。

三、枯萎病

1. 病害特征

瓜类枯萎病又称蔓割病、萎蔫病，是瓜类作物上的一种重要的土传病害，以黄瓜、西瓜发病最重，冬瓜、甜瓜次之，南瓜上发生较少。从幼苗到成株均可为害，开花结果后发病较重，以结瓜期发病最盛，其典型症状是植株萎蔫。在苗期子叶黄化，顶叶萎垂，根颈部黄褐色缢缩，猝倒或立枯死亡。成株期下部叶片褪绿，生长缓慢，沿叶脉出现鲜黄色网状条斑，黄叶自下而上发展，午间有萎蔫现象，但早晚可恢复。初期类似干旱，后期全株枯死。有时病株部分枝蔓先枯萎，病株茎基无光泽呈微黄白色，或稍缢缩，多纵裂，溢出树枝状胶质物。湿度大时有病部表面常产生白色或粉红色霉状物，主根或侧根呈黄褐色腐朽，病蔓下部维管束褐色，茎节部更明显（图2-12至图2-15）。

图2-12　黄瓜枯萎病植株

图2-13　西瓜枯萎病病叶

图2-14　甜瓜枯萎病枝蔓症状

图2-15　苦瓜枯萎病根茎部症状

2. 发病规律

病原为尖镰孢菌属无性型真菌。为害瓜类的有4个专化型：黄瓜专化型、西瓜专化型、甜瓜专化型、丝瓜专化型。病菌以菌丝体、厚垣孢子及菌核随病残体在土壤和未腐熟的有机肥中越冬，种子也能带菌。这些都成为第二年病害的初侵染源。病菌腐生性极强，在土壤中能存活5～6年，厚垣孢子和菌核通过牲畜的消化道后仍可存活。病菌主要借雨水、灌溉水、肥料、农具、地下害虫、土壤线虫等传播，病菌从根部伤口及根毛顶端细胞间侵入，后进入维管束，在导管内发育，堵塞导管或引起植株中毒而萎蔫死亡。此病有潜伏侵染现象，即幼苗期感病后，多待成株期开花结瓜后才陆续显症，有的病株始终显症。地势低注、排水不良，土壤偏酸、冷湿，土质黏重，土层瘠薄的地块发病重；耕作粗放、整地不平的地块发病重；平畦栽培比高垄栽培发病重；浇水过多发病重；连作地块发病重，轮作地块发病轻。一些优质抗病品种对枯萎病有明显的抵御作用。

3. 防治方法

（1）实行轮作，避免连作。

（2）利用抗病砧木嫁接栽培。近年在西瓜、黄瓜上广泛采用，防病效果良好。西瓜抗病砧木以超丰F1、葫芦、瓠瓜较好；黄瓜用黑籽南瓜。

（3）种子消毒。60%多菌灵盐酸盐超微粉（防霉宝）（1∶1）1 000倍液浸种1小时，或用50%多菌灵可湿性粉剂500倍液浸种半小时，或用45～55℃热水浸种15分钟，移入冷水中冷却，催芽播种。

（4）育苗地宜换新地或换新土，并进行床土消毒。可用30%土菌消水剂1 000倍液于播前和播后1～2周按3升/米^{2}淋灌床土，或用50%多菌灵可湿粉按1∶500的比例配成药土，制成营养土块或装入育苗袋后播种，或按8～10克/米^{2}多菌灵可湿粉与苗床土拌匀后播种。

（5）加强栽培管理。多施磷、钾肥，深沟高畦，雨后及时清沟排水，注意田间卫生。

（6）药剂防治。可于定植时、定植后1～2周、结瓜初期或发病始期根据实际采用穴施、沟施毒土或淋灌、结合基部喷施等办法施药预防控病。可选用30%土菌消水剂1 000倍液，或用14%双效灵水剂300倍液，或用50%多菌灵+75%百菌清可湿粉（1∶1）800~1 000倍液，或高锰酸钾600倍液，或用农抗120水剂200倍液，或用25.9%络氨铜锌水剂（抗枯宁）400~600倍液，或用65%疫羧敌可湿性粉剂600~800倍液（冬瓜枯萎病），定植时作定根水或移植后定期灌根（200~500毫升/株），结合茎基部喷施3~4次，每隔5~15天1次，前密后疏，瓜果采收前20天停止施药。

四、白粉病

1. 病害特征

瓜类白粉病是一种常发性病害，在露地和设施栽培的瓜类上普遍发生，在黄瓜、瓠瓜、甜瓜、西葫芦、南瓜、冬瓜等作物上最为常见。苗期至收获期均可染病，以成株期为主。主要为害叶片，其次是茎和叶柄，一般不为害果实。发病初期，在叶片正面或背面及茎秆上产生白色近圆形的小粉斑，后逐渐扩大为边缘不明显的连片白粉斑，像撒了一层面粉。严重时，白粉布满整个叶片，破坏叶片的光合作用和呼吸作用，导致叶片枯黄但不脱落，有时病斑上长出成堆的黄褐色小粒点，后变黑，即病原菌的闭囊壳或子囊壳。植株早衰，影响作物的产量和品质（图2-16至图2-21）。

2. 发病规律

瓜类白粉病由子囊菌引起，以子囊壳随病株残体遗留在土壤中越冬，或直接在寄主体内吸食营养，以菌丝体在温室大棚的瓜株上越冬，条件适宜时释放子囊孢子或产生分生孢子，通过气流和雨水进行传播。病菌孢子萌发温度范围10~30℃，最适宜的温度为20~25℃，且需要较高湿度。30℃以上，-1℃以下，孢子很快失去活力。空气湿度大，温度20～25℃，或干湿交替出现最有利于白粉病的发生和流行。保护地瓜类白粉病重于露地瓜类，栽培地势低洼、施肥不足、土壤缺水、或氮肥过量、灌水过多、田间通风不良、湿度增高以及生长过旺或衰弱也有利于白粉病发生。

图2-16　黄瓜白粉病叶片

图2-17　黄瓜白粉病植株

图2-18　甜瓜白粉病叶片初期

图2-19　甜瓜白粉病叶片后期

图2-20　甜瓜白粉病叶柄症状　　　图2-21　甜瓜白粉病田间症状

3. 防治方法

（1）农业防治。选用抗病品种，选择地势较高利于排水的田块种植，忌偏施氮肥，及时清除田间病残体，注意发现中心病株并及时施药。

（2）化学防治。一般要求在发现田间有零星小粉斑时立即喷药防治，不要延误，每5～6天喷1次。白粉病病菌对硫制剂较敏感，发病初期可选用无机或有机硫制剂交替喷施3～4次，视病情和药种隔7～15天1次，前密后疏，喷匀喷足，可收到较好防治效果，但有些瓜类（如黄瓜、甜瓜）的品种对硫制剂也敏感，要注意喷施浓度，苗期慎用及避免高温下使用。药剂可选用25%三唑醇可湿性粉剂2 000倍液，或用20%三唑醇乳油2 000～3 000倍液，或用70%甲基硫菌灵+75%百菌清可湿粉1 000倍液，或用40%多硫悬乳剂600倍液，或用50%硫黄悬浮剂300倍液，或用40%三唑铜多菌灵可湿粉650～850倍液。

五、霜霉病

1. 病害特征

瓜类蔬菜霜霉病主要为害瓜类蔬菜的叶片，可侵染黄瓜、节瓜、丝瓜、冬瓜、苦瓜、南瓜、甜瓜等瓜类作物（图2-22至图2-27）。以黄瓜、甜瓜发生最为普遍，是一种流行性很强的常见病害。

瓜类蔬菜在苗期和成株期均可发生霜霉病。发病初期从植株的下部叶片发生，伴有水渍状的浅绿色斑点，大病斑受叶脉限制而呈多角形。随着发病时间的延长，病部颜色逐渐变为黄绿色或褐色，在潮湿环境下，叶背部病斑处会长出紫褐色至黑色的霉层，这些霉层即病菌产生的繁殖体。有的叶片从叶缘开始出现扩展斑。若条件适宜，病情发展极快，短时间内叶片大量干枯，俗称"跑马干"，直接影响结瓜或者提早拉秧，往往造成严重减产。

图2-22　丝瓜霜霉病叶片

图2-23　丝瓜霜霉病植株

图2-24 黄瓜霜霉病叶片正面

图2-25 黄瓜霜霉病叶片背面

图2-26 甜瓜霜霉病叶片正面

图2-27 甜瓜霜霉病叶片背面

2. 发病规律

该病主要是由古巴假霜霉引起的。病原菌在病叶上越冬、越夏，并通过气流、雨水、灌溉水等途径进行传播。可被感染发病。霜霉病的发生流行与温、湿度，特别是湿度有密切关系，在气温稍低（15～20℃）而又忽寒忽暖或昼夜温差大、多雨高湿的春季，或秋季从白露开始容易发生流行。定植后浇水过多或土地黏重、低洼、排水不良时发病严重。

3. 防治方法

（1）选择抗病品种，合理密植，加强肥水管理，施足基肥，增施磷钾肥，合理密植，改善通风透光条件，适时喷药防治，喷药要均匀，着重保护中下部叶片。

（2）防治霜霉病的化学药剂主要有两大类：一类是保护性杀菌剂：如波尔多液、代森锌、代森锰锌、百菌清等，这类杀菌剂主要作用为杀死表面病菌防止病菌的侵入，但对已侵入植株的病菌效果很差。另一类是内吸性杀菌剂：如53%精甲霜·锰锌水分散粒剂、64%噁霜·锰锌可湿性粉剂（杀毒矾）等，这类杀菌剂能被植物体吸收，有防病和治病的双重效果，对已侵入植株的病菌起到抑制和杀灭作用。因此，发病前或发病初期可喷施保护性杀菌剂75%百菌清可湿性粉剂600倍液；发病初期起，喷施内吸性杀菌剂58%代锌·甲霜灵水分散粒剂600~800倍液或53%精甲霜·锰锌水分散粒剂600~800倍液；64%噁霜·锰锌可湿性粉剂600倍液；25%嘧菌酯悬浮剂2 000倍液，以上农药交替使用，每7~10天喷施1次，连续喷施2~3次。

六、灰霉病

1. 病害特征

灰霉病主要为害黄瓜、南瓜、西葫芦等瓜类蔬菜，在我国菜区发生较普遍。在瓜类蔬菜上，灰霉病主要侵染叶片和果实，其中在丝瓜和南瓜上主要为害叶片，西葫芦上主要为害果实。叶部病斑为水浸状，病斑中间有时产生灰色霉层，叶片上常有大型病斑，并有轮纹，边缘明显。幼果的蒂部初为水渍状，逐渐软化，表面密生灰色霉层，致果实萎缩、腐烂，有时长出黑色菌核（图2-28至图2-31）。

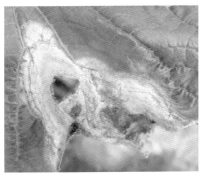

图2-28　黄瓜灰霉病叶片

图2-29　西瓜灰霉病叶片

图2-30　黄瓜灰霉病果实

图2-31　西葫芦灰霉病果实

2. 发病规律

病原菌为灰葡萄孢菌，属无性型真菌。病原菌以附着病残体的菌核和菌丝体在土中越冬。发病温度不严格，4~31℃均可发病。栽培昼温不超过25℃，夜温低于10℃，空气湿度高于85%，长时间结露，便会流行。遇连阴或下雨、下雪，通风透光不足，密植，瓜秧生长不良等发病较重。

3. 防治方法

（1）推广高畦地膜滴灌栽培方法。

（2）生长前期适当控制浇水，多中耕，降低湿度。

（3）及早摘除病叶和黄叶，清除田间病残体。

（4）一般以花期和膨果期为重点防治时期。发病初期选用50%腐霉利可湿性粉剂1 000倍液，或用50%异菌脲可湿性粉剂800倍液，或用50%乙烯菌核利可湿性粉剂1 000～1 500倍液，或用65%甲硫·霉威可湿性粉剂700倍液，或用40%嘧霉胺悬浮剂1 000倍液喷雾防治，每隔7～10天喷1次，根据病情连喷2～4次。施药要仔细，叶片正面、背面都要喷到，小苗喷药酌减。

七、黑星病

1. 病害特征

黑星病除为害黄瓜外，还可为害西葫芦、甜瓜、南瓜等。幼苗期被害，子叶上出现近圆形黄白色的病斑，后发展为全叶干枯，植株停止生长或枯死；真叶被害，开始产生近圆形小斑点，呈淡黄色，后期易穿孔，穿孔后留下黑色边缘的星状孔；叶脉被害，组织坏死，引起病部周围叶组织扭皱。嫩茎被害，先呈现水渍状浅绿色的椭圆形或不规则的条斑，继而凹陷龟裂呈暗褐色，严重时病部腐烂。生长点被害，可在2～3天内烂掉，造成秃柱。卷须被害，多变褐色而腐烂。瓜条被害，病部开始出现凹陷，呈暗褐色的疮痂状，而且流出半透明的胶状物，而后变琥珀色，病组织停止生长，瓜条弯曲，瓜条病部不变软、不腐烂，湿度大时，病部产生黑色霉层（图2-32、图2-33）。

图2-32　黄瓜黑星病叶片症状　　　图2-33　黄瓜黑星病果实症状

2. 发病规律

黄瓜黑星病是一种真菌性病害，该病菌主要以菌丝体随病残体在土壤中或者附着在架材上越冬，也可以分生孢子附着在种子表面或以菌丝在种皮内越冬。越冬后土壤中的菌丝，在适宜的条件下，产生出分生孢子借风雨在田间传播，成为初侵染源。分生孢子萌发后，长出芽管，主要从植物叶片、果实、茎蔓的表皮直接侵入，也可从气孔和伤口侵入。发病后又产生大量的分生孢子，靠气流、雨水、灌水或农事操作等传播，进行再侵染。

3. 防治方法

（1）加强栽培管理，科学控制温湿度，采用地膜覆盖、滴灌等技术。

（2）从无病株上留种，做到从无病棚、无病株上留种，采用冰冻滤纸法检验种子是否带菌。

（3）温室、大棚定植前10天，每55米^{3}空间用硫黄粉0.13千克，锯末0.25千克混合后分放数处，点燃后密闭大棚，熏1夜。

（4）加强水肥管理。增施腐熟基肥，后期追肥氮、磷、钾按

5：2：6比例施用或施用百绿丰高钾肥，可明显减少黄瓜畸形瓜的出现和营养失调，同时要配合喷施百绿丰液肥，这样能及时快速补充营养。

（5）加强田间管理，栽培时应注意种植密度，升高棚室温度，采取地膜覆盖及滴灌等节水技术，及时放风，以降低棚内湿度，缩短叶片表面结露时间，以控制黑星病的发生。

八、蔓枯病

1. 病害特征

蔓枯病可为害黄瓜、苦瓜、冬瓜、丝瓜、甜瓜、西瓜等瓜类蔬菜。在我国北方温室大棚内为害较为严重，茎、叶、瓜果均可被害。瓜类蔓枯病的症状既表现出统一性又呈现出侵染点多样性。统一性是指病斑面积较大，多呈腐烂状，病部薄且易碎，湿度大可见密集小黑点；侵染点多样性是指蔓枯病可为害多个部位且症状不同，包括生长点腐烂、叶部病斑、茎蔓、叶病、果柄腐烂、果实水渍状腐烂等。多发生在成株期，主要为害茎蔓和叶片，发病株结果率低。茎蔓多在节部受害，初期为梭形或椭圆形病斑，后期扩展成大斑。病部有时会溢出琥珀色胶质物，后期病部呈黄褐色干缩，纵裂成乱麻状，引起蔓枯，其上散生小黑点。叶片发病，多在边缘产生半圆形斑，有时自叶缘向内呈"V"形扩展，淡黄色或黄褐色，有隐约轮纹，其上散生许多小黑点，后期病斑易破裂。果实多在幼瓜期受害，幼瓜期花器染病，致果肉淡褐色，软化，呈心腐（图2-34至图2-37）。

图2-34　黄瓜蔓枯病叶片症状

图2-35　黄瓜蔓枯病茎部症状

图2-36　丝瓜蔓枯病叶片症状

图2-37　丝瓜蔓枯病茎部症状

2. 发病规律

病原菌为瓜疮痂枝孢霉，主要以菌丝体或菌丝块随病残体在土壤中越冬。从病瓜上采的种子以及残留在支架、吊绳的病残体也可成为病菌来源。病斑上长出的分生孢子借气流、雨水、棚膜滴水等传播，在水中萌发，芽管直接侵入表皮而发病。该病属低温病害，病菌生长适温21℃，发病适温17℃左右，在低温高湿条件下流行。在保护地栽培，其温度15～20℃，空气湿度

86%～100%，结露时间12小时以上，便大发生。露地黄瓜多在春、秋多雨时发生。瓜类重茬地、播种病种子、浇水多、密植、遇连阴雨天、通风透光不良，均发病重。

3. 防治方法

（1）严格检疫。杜绝带病瓜果和种子传入。不要从疫区引种引苗，一旦发现病株，及时拔除，连同病残叶一起带出烧毁。

（2）对种子进行消毒处理。可用75%百菌清800倍液浸种20分钟后水洗，或用75%百菌清按种子重量0.3%拌种。然后以清水冲洗后播种。

（3）清洁田园。清除瓜类蔬菜病虫残体，集中销毁深埋，结合深翻，杜绝初侵染源。

（4）高温闷棚。如黄瓜高温闷棚47～48℃处理1～2小时，对黑星病有控制作用，兼治霜霉病。

（5）发病初期喷50%多菌灵可湿性粉1 000倍液，或用75%百菌清可湿性粉剂600倍液，或用12.5%腈菌唑乳油4 000倍液。

九、白绢病

1. 病害特征

白绢病又称菌核性根腐病和菌核性苗枯病，可为害黄瓜、冬瓜、西瓜等瓜类作物，主要为害茎部或果实。瓜果染病，病部呈灰褐至红褐色坏死，表面产生绢丝状白色菌丝层，并进一步向四周辐射扩展，后期转变成红褐至茶褐色油菜籽状菌核。随病害发展病瓜腐烂，干燥时病瓜失水干腐（图2-38至图2-41）。

图2-38　黄瓜茎部白绢病症状

图2-39　黄瓜果实白绢病症状

图2-40　西瓜茎部白绢病症状

图2-41　西瓜果实白绢病症状

2. 发病规律

病原菌为齐整小核菌，属半知菌齐整小菌核真菌。病原菌主要以菌核或菌丝体在土壤内越冬。病菌生长温度8～40℃，适宜温度30～33℃，最适宜pH值为5～9。高温潮湿有利于发病，此外，酸性土壤、沙性土壤或与果菜类蔬菜连作，发病较重。

3. 防治方法

（1）用生石灰1.5～4.5吨/公顷调节土壤酸碱度，使土壤接近中性。施用充分腐熟的有机肥。

（2）及时彻底清除病残组织并深翻土壤。

（3）采取高垄或高畦地膜覆盖栽培，控制病菌传播蔓延。

（4）发病初期用40%氟硅唑乳油6 000倍液，或用10%苯醚甲环唑水分散粒剂8 000倍液，或用45%噻菌灵悬浮剂1 000倍液，或用10%多氧霉素可湿性粉剂500倍液喷浇病株根茎部和邻近土壤。

十、绵腐病

1. 病害特征

绵腐病是瓜类采收期常见病害，以黄瓜、节瓜、冬瓜发生居多，西葫芦、南瓜、甜瓜等也有发生。主要为害成熟的瓜果，多从贴近地面的部位开始发病，染病的瓜果表皮出现褪绿，渐变黄褐色不定型的病斑，迅速扩展，瓜肉也变黄变软而腐烂，随后在腐烂部位长出茂密的白色棉毛状物，并有一股腥臭味（图2-42至图2-45）。

图2-42　节瓜绵腐病果实症状

图2-43　黄瓜绵腐病果实症状

图2-44　西葫芦绵腐病果实症状　　　图2-45　丝瓜绵腐病果实症状

2. 发病规律

病原菌为瓜果腐霉，属鞭毛菌亚门真菌。病原菌主要分布在表土层内，雨后或湿度大，病菌迅速增加。土温低、高湿利于发病。

3. 防治方法

（1）采用高畦栽培，避免大水漫灌，大雨后及时排水，必要时可把瓜垫起。

（2）在幼果期喷施50%甲霜灵可湿性粉剂800倍液，或用58%甲霜灵·锰锌可湿性粉剂600倍液，或用72%霜脲·锰锌可湿性粉剂800倍液，或用72.2%霜霉威盐酸盐水剂600倍液，或用75%百菌清可湿性粉剂600倍液，或用50%琥珀肥酸铜可湿性粉剂500倍液，连喷2～3次，隔10天左右1次，注意轮换使用，喷匀喷足。

十一、软腐病

1. 病害特征

病菌多从伤口处侵染，初期呈水渍状灰白色坏死斑，继而软化腐烂，散发出臭味。此病发生后病势发展迅速，瓜条染病后在很短时期内即全部腐烂，主要为害果实，也在茎基部发生（图2-46、图2-47）。

图2-46　西葫芦软腐病症状　　　　图2-47　冬瓜软腐病症状

2. 发病规律

病原菌为胡萝卜软腐欧氏杆菌胡萝卜软腐病亚种，属细菌。病菌借雨水、浇水及昆虫传播，由伤口侵入。高温高湿条件下发病严重。通常，高温条件下病菌繁殖迅速，多雨或高湿有利于病菌传播和侵染，且伤口不易愈合增加了染病概率，伤口越多病害越重。

3. 防治方法

（1）选择适当的抗病品种。

（2）避免田间积水。采用高垄或高畦地膜覆盖栽培，生长期避免大水漫灌，雨后及时排水，避免田间积水。

（3）及时防治病虫，避免日灼、肥害和机械伤口、生理裂口。发现病瓜及时摘除，并及时采用72%农用链霉素可溶性粉剂4 000倍液，或用88%水合霉素可溶性粉剂2 000倍液，3%中生菌素可湿性粉剂800倍液，或用20%叶枯唑可湿性粉剂600倍液，或用77%氢氧化铜可湿性粉剂800倍液，对水喷雾防治，视病情间隔7～10天喷药1次，共喷1～3次。

十二、菌核病

1.病害特征

菌核病可为害黄瓜、番茄、辣椒、茄子、胡萝卜、马铃薯、菠菜、芹菜及十字花科蔬菜，主要发生在中管棚和连栋大棚保护地中栽培的黄瓜上。果实多在幼瓜期发生。病菌从花瓣或柱头侵染，瓜尖部呈水浸状黄绿色，当空气湿度高时密生棉絮状白霉，分泌污白色黏液，后期病部形成鼠粪状黑色菌核（图2-48至图2-50）。

图2-48 西葫芦菌核病症状

图2-49 黄瓜菌核病症状

图2-50 黄瓜菌核病茎部症状

2.发病规律

病原菌为核盘菌，属子囊菌门真菌。菌丝生长适温18~20℃，发病温度较低，适温15~20℃，但对水分要求高，土壤潮湿，空气温度85%以上。北方保护地栽培3—5月遇阴雨或连阴天后发病。通风透光不良、地温忽高忽低或土壤水分高发病重。南方露地栽培，早春多雨发病，地下水位高、浇水多、排水不良地发病重。

3.防治方法

（1）取立架高畦地膜栽培，以防土壤病菌返溅传播，或萌发后空气传播。

（2）开花坐果期增加通风量，降低空气温度85%以下。及时进行疏花疏果和摘取雄花。

（3）开花前后进行药剂预防。用40%嘧霉胺悬浮剂2 000倍液，50%乙烯菌核利可湿性粉剂或50%异菌脲可湿性粉剂1 000~1 500倍液，50%腐霉利可湿性粉剂加70%甲基硫菌灵可湿性粉剂各1 500倍混合液，或用75%百菌清可湿性粉剂加50%多菌灵可湿性粉剂各500倍混合液。药液喷到花器和下部老叶及地表。

十三、病毒病

1.病害特征

瓜类蔬菜病毒病症状复杂，不同的病毒可以引起不同的症状。

（1）花叶病毒病。幼苗期感病，子叶变黄枯萎，幼叶为深浅绿色相间的花叶，植株矮小。成株期感病，新叶为黄绿相间的花叶，病叶小，皱缩，严重时叶片反卷变硬发脆，常有角形坏死斑，簇生小叶。病果表面出现深浅绿色镶嵌的花斑，凹凸不平或畸形，停止生长，严重时病株节间缩短，不结瓜，萎缩枯死（图2-51）。

（2）皱缩型病毒病。新叶沿叶脉出现浓绿色隆起皱纹，叶形变小，出现蕨叶、裂片；有时叶脉出现坏死。果面产生斑驳，或凹凸不平的瘤状物，果实变形，严重病株引起枯死（图2-52）。

（3）绿瘢型病毒病。新叶产生黄色小斑点，以后变淡黄色斑纹，绿色部分呈隆起瘤状。果实上生浓绿斑和隆起瘤状物，多为畸形瓜（图2-53）。

（4）黄化型病毒病。中、上部叶片在叶脉间出现褪绿色小斑点，后发展成淡黄色，或全叶变鲜黄色，叶片硬化，向叶背面卷曲，叶脉仍保持绿色（图2-54）。

图2-51　南瓜花叶病毒病型叶片

图2-52　西葫芦皱缩型病毒病叶片

图2-53　西葫芦绿瘢型病毒病果实

图2-54　黄瓜黄化型病毒病植株

2. 发病规律

主要是黄瓜花叶病毒（CMV）和甜瓜花叶病毒（MMV）。主要通过蚜虫的有翅蚜传毒。可通过汁液和嫁接传染，种子和土壤不传染。连作瓜类地发病重。在高温、干旱、日照强的条件下，病害发生严重。此外，植株定植晚，结瓜期正处在高温季节时病毒病发病重；在缺水、缺肥、管理粗放、蚜虫多的情况下发病也较重。

3. 防治方法

（1）种子处理。种子要无病瓜留种，或用10%磷酸三钠浸种20分钟，充分水洗后播种，或将干种子用70℃恒温处理72小时，催芽后播种。

（2）在保护地中用消毒土塑料钵育苗，实行非瓜类作物轮作。

（3）采用双导简易塑料薄膜覆盖。不仅避蚜防病，且能提早上市。

（4）化学防治。苗期和发病初期喷洒20%病毒A可湿性粉剂500倍液，或用1.5%植病灵乳剂1 000倍液隔10天左右1次，连喷2～3次。

十四、细菌性角斑病

1. 病害特征

细菌性角斑病在我国各菜区均发生，主要为害黄瓜、丝瓜、苦瓜、甜瓜、西瓜、葫芦等，常与黄瓜霜霉病同期、同叶混合发生，病症相似、极易混淆。果实上产生油浸状暗色凹陷病斑，龟裂，分泌白色黏液，病部沿维管束向内发展，致种子染病。在病部不长霉而分泌白色黏液为其病症特点（图2-55至图2-58）。

图2-55　丝瓜细菌性角斑病病叶

图2-56　冬瓜细菌性角斑病病叶

图2-57　南瓜细菌性角斑病病叶

图2-58　黄瓜细菌性角斑病病叶

2. 发病规律

病原菌为丁香假单胞菌流泪致病变种，属细菌。带菌种子和土壤中病残体为初侵染源。病菌生长温度4～39℃，适温24～28℃。保护地只有低温高湿、棚膜滴水多，叶片结露时间长时才会大发生。露地黄瓜则在暴风雨过后流行。浇水多、排水不良、土壤水分高、氮肥多，均发病较重。

3. 防治方法

（1）加强检疫。种子带菌是重要远距离传播途径，严防带菌种进入无病区。

（2）种子消毒。用55℃温水浸种15分钟，或用40%甲醛（福尔马林）150倍液浸种90分钟，清水冲洗后催芽播种。

（3）保护地内采取高畦铺地膜，或开花结瓜前多中耕，少浇水。尽力使棚内干燥。一旦发病，及时去除病叶，控制浇水，夜间通风。有条件，夜间临时加温，以防结露和滴水。

（4）露地栽培推广防雨栽培法。雨后加强排水，减少土壤水分。

（5）发病前后喷药。可用14%络氨铜水剂300倍液，或用50%甲霜铜可湿性粉剂600倍液，或用50%琥珀肥酸铜可湿性粉剂500倍液，或用72%链霉素可溶性粉剂4 000倍液。频繁使用铜制剂很容易使植物抗药性产生，因此，要注意轮换使用药剂。

第三章
瓜类蔬菜生理性病害防治

一、化瓜

1. 病害特征

化瓜常见于黄瓜、瓠瓜、丝瓜、西葫芦、南瓜、飞碟瓜、西瓜等瓜类蔬菜作物上。花受精后没有膨大，最后干瘪干枯，或刚坐下的幼瓜在膨大过程中停止生长，由瓜尖到全瓜逐渐变黄、干瘪，最后干枯（图3-1、图3-2）。

图3-1　黄瓜化瓜

图3-2　西瓜化瓜

2. 发病原因

高温致使光合作用受阻，呼吸消耗骤增，造成营养不良化瓜。密度大，化瓜率高。长时间低温弱光，植物生长势弱，营养不良而化瓜。另外，温度突然下降，水肥过大，底部瓜采收不及时，病虫害为害叶片使得光合作用无法进行等也容易引起化瓜。

3. 防治方法

（1）对于高温引起的化瓜。在栽培中应加强放风管理，白天当温室温度高达25℃时便开始通风，夜间在温室温度不低于15℃的前提下，尽可能地延迟闭风时间。

（2）对于密度过大而引起的化瓜。根据品种确定合理的种植密度。

（3）连续阴雨天低温引起的化瓜。菜区叶面喷肥，适当放风等措施，可以得到一定的缓解。

（4）水肥引起的化瓜。在栽培上要合理浇水施肥，才能夺取高产。

（5）底部瓜不及时采收引起的化瓜。应及时采收。

（6）病虫害引起的化瓜。应及时搞好病虫害防治，以便获得较高的产量和经济效益。

二、畸形瓜

1. 病害特征

保护地栽培的黄瓜，尤其是生长后期所结的瓜条，经常会出现弯曲瓜、尖嘴瓜、细腰瓜、大肚瓜等畸形瓜条。在棚室西葫芦的栽培中，常常出现尖嘴、大肚、蜂腰、棱角等畸形瓜，不仅影响产量，而且严重降低西葫芦商品质量（图3-3、图3-4）。

图3-3　黄瓜畸形瓜　　　　　　　图3-4　西葫芦畸形瓜

2. 发病原因

（1）黄瓜产生畸形瓜原因。弯曲瓜多与营养不良、植株细弱有关，尤其在高温或昼夜温差过大、过小，光照少的条件下易发生；有时水分供应不当，结瓜前期水分正常，后期水分供应不足，或病虫为害，均可形成弯曲瓜。单性结实力低的品种受精不良时形成尖嘴瓜，单性结实力强的品种不经授粉在营养条件好的情况下能发育成正常瓜，否则会形成尖嘴瓜。由于营养和水分供应不均衡造成，同化物质积累不均匀，就会出现细腰瓜。雌花受粉不充分，受粉的先端肥大，而由于营养不足，水分不均，中间及基部发育迟缓而造成大肚瓜。

（2）西葫芦产生畸形瓜原因。不受精或土壤干旱，盐类溶液浓度障碍，吸收养分，水分和光照不足等易形成尖嘴瓜。植株衰弱，遭受病害，受精不完全易形成大肚瓜。缺钾、生育波动等原因易形成蜂腰瓜。

3. 防治方法

（1）及时摘除。发现畸形瓜时及早摘除，以降低营养消耗。

（2）避免发生生理干旱。注意棚室内温、湿度的调节，肥水供应要及时均衡，避免发生生理干旱现象。

（3）喷施植物调节剂。叶面多喷洒一些植物调节剂，如绿风95等。

三、黄瓜焦边叶

1. 病害特征

黄瓜焦边叶又称枯边叶，棚室栽培黄瓜时常可见。黄瓜焦边叶主要出现在叶片上，尤以中部叶片居多。发病叶片初在一部分或大部分叶缘及整个叶缘发生干边，干边深达叶内2～4毫米，严重时引起叶缘干枯或卷曲（图3-5）。

图3-5　黄瓜焦边叶症状

2. 发病原因

发病原因有3个。一是棚室处在高温高湿条件下突然放风，致叶片失水过急过多；二是土壤中盐分含量过高造成盐害；三是喷洒杀虫或杀菌剂时，浓度过量或药液过多，聚集在叶缘造成化学伤害。

3. 防治方法

（1）棚室放风，要适时适量，棚内外温差大，不要突然放风，以防黄瓜叶片突然失水。

（2）采用配方施肥技术，施用日本酵素菌沤制的堆肥或腐熟的新有机肥，减少化肥施用量，尤其追肥要适时适量，注意少施硫酸铵等副成分残留土壤的化肥，以利土壤溶液浓度适度，提倡施用全元肥料。

（3）盐分含量高的土壤，有时析出白色盐类，应泡水洗盐，必要时应在夏季休闲时灌大水，连续15～20天，使土壤中的盐分随水分下渗淋溶到土层深处，减少耕作层盐分含量。

（4）表层盐分含量高的土壤，可采用深翻办法解决，有条件的也可换土。

（5）使用杀虫、杀菌剂时要做到科学合理用药，浓度不要轻易加大，叶面湿润不滴即可，尽可能采用小孔径喷片，以利喷雾均匀。

四、黄瓜花打顶

1. 病害特征

早春、晚秋或冬季冷凉季节种植黄瓜、菜瓜，苗期至结瓜初期经常出现植株顶端不形成心叶且出现花抱头现象，即生长点急速形成雌花和雄花间杂的花簇。这就是花打顶，不仅延迟黄瓜、菜瓜的发育，同时影响产量、质量（图3-6）。

图3-6　黄瓜花打顶状

2. 发病原因

发病的常见原因有4种：一是干旱烧根形成的花打顶；二是由于土壤中温度低，湿度大造成沤根，也出现花打顶；三是夜间温度低，黄瓜、菜瓜叶片在白天进行光合作用制造的营养物质不能完全输送到各个器官，从而影响第二天光合作用的正常进行，时间久了，致叶片变为深绿色，叶面凹凸不平或皱缩，植株矮小出现营养障碍型花打顶；四是伤根花打顶，有少量瓜苗或植株根系受到伤害，长期未能恢复，造成植株吸收养分受抑，也会出现花打顶。

3. 防治方法

发生花打顶以后，首先要查明原因，然后对症防治。

（1）烧根引致花打顶，应及时浇水，使土壤持水量达到

22%，相对湿度达到65%，浇水后及时中耕，生产上浇水适时适量，不久即可恢复正常生长。

（2）对沤根型花打顶，棚室或露地地温要提高到10℃以上，发现根系出现灰白色水浸状症状时，要停止浇水，及时中耕，必要时可扒沟晒土，千方百计提高地温、降低土壤含水量。同时摘除结成的小瓜，保秧促根，当新根长出后，逐渐恢复正常生长发育，即可转为正常管理。

（3）夜温低花打顶对症措施是设法提高夜温，前半夜气温要求达到15℃，持续4~5个小时，后半夜可保持在10℃上下即可。

（4）对伤根造成花打顶，中耕时尽量少伤根，采用保秧护根措施，防止温度、水分和营养不良情况出现，提高根系活力。

五、黄瓜瓜佬

1. 病害特征

在瓜秧上结出的黄瓜很小，形状像小香瓜样的瓜蛋，俗称瓜佬（图3-7）。

2. 发病原因

黄瓜瓜佬是完全花结实造成的。黄瓜在花芽分化时，有雌、雄两种原基，决定其发育

图3-7　黄瓜瓜佬症状

成雌花还是雄花，主要与环境条件有关。在冬季、早春日光温室的环境条件下，有利于向雌花转化，但也有适合于雄花发育的条件和因素，有时在偶然的条件下，同一个花芽的雄蕊原基和雌蕊原基都得到发育，就开出了完全花，结下了瓜佬。

3. 防治方法

（1）在黄瓜花芽分化时，白天保持25～30℃，夜间保持10～15℃；光照保持8小时，相对湿度控制在70%～80%，且土壤湿润、二氧化碳充足，以促进雌蕊原基正常发育，抑制雄蕊原基的发育。

（2）生产上产生瓜佬的完全花多生于早期，疏花时应注意疏掉，以免浪费养分。

六、黄瓜只长蔓不坐瓜

1. 病害特征

只长蔓不坐瓜又称蔓徒长不坐瓜。植株长势过旺，叶片厚且大，茎秆粗壮，拔节长，黄瓜植株上坐瓜很少，有的根本坐不住瓜，即使坐住瓜，产生焦化纽子，化瓜率高，产生大头瓜、弯曲瓜、细腰瓜或尖嘴瓜，严重影响产量和品质（图3-8）。

2. 发病原因

夜温过高，施用化肥过多，造成植株营养生长与生殖生长不协调，生产上黄瓜的养分主要用在黄瓜植株生长，黄瓜果实生长得不到足够的养分供应，说明营养生长旺盛，生殖生长不足，出现只长蔓坐不住瓜的情况。

图3-8 黄瓜茎蔓徒长瓜少

3.防治方法

（1）选择优良黄瓜品种，淘汰不坐瓜的品种。

（2）适当控制温度。尤其要适当降低夜温，夜温过高，黄瓜出现徒长，下午晚些关闭放风口，早上及时通风，调节棚内温度，上半夜16～18℃，下半夜12～15℃，早晨拉草苫时12℃，这时温度不要低于10℃，不要高于15℃，就能有效控制黄瓜徒长。

（3）控制肥水。不可促水促肥。不施含氮过高的化肥，适当增施钾肥，可冲施生物肥，控制黄瓜长势。叶面喷洒海天力、甲壳素等调节黄瓜长势，使黄瓜由营养生长适当向生殖生长转化，促进黄瓜多坐瓜。

（4）黄瓜长到3～9片真叶时，叶面喷洒助壮素750倍液或矮壮素1 500倍液或增瓜灵等。

七、黄瓜苗期低温障碍

1. 病害特征

幼苗的子叶期受害，子叶叶缘失绿，子叶出现镶白边现象，子叶叶尖部分白边宽，并向上卷，受害较轻，这是黄瓜在0℃以上低温所受的危害，对这种在冰点以上的低温危害叫冷害或寒害。我国南、北方均有发生。幼苗遇到短期的低温或冷风、寒流侵袭，植株部分叶片边缘受冻，呈暗绿色，后逐渐干枯，生长点受损，或顶芽或幼苗大部分叶子受冻，低温使幼苗体内发生冰冻，或虽已下霜，但仍使幼苗体内水分结冰，这种低温危害称为冻害。冻害北方发生较多。我国近年冬春常出现冰冻雨雪灾害，南方冻害也时有发生（图3-9、图3-10）。

图3-9　黄瓜幼苗冻害　　　图3-10　黄瓜成株冻害

2. 发病原因

一是低温造成植株光合作用减弱。气温24℃，光合作用强度100%，气温降到14℃则光合作用强度降为74%～79%。

二是低温使呼吸强度下降，呼吸作用是维持根系吸收能力和加快黄瓜生长速度的重要条件，呼吸强度降低，黄瓜生长缓慢，结瓜速度下降。

三是低温影响黄瓜对矿物质营养的吸收和利用，低温使根的呼吸作用下降，直接影响黄瓜对营养物质的吸收率，尤其是对氮、磷、钾的吸收影响最大。

四是低温影响养分运转，妨碍光合产物和营养元素向生长器官运输，且运转速度下降。

五是低温引起黄瓜生理失调，如低温条件下，根吸收的矿物质营养不仅减少，而且还会滞留在根部，妨碍向叶片运转，造成叶片养分不足，发生缺磷等缺素症。

六是黄瓜生殖生长受到抑制或出现异常，影响生长速度和结瓜率。

七是低温直接作用在生物膜上，使生物膜发生物相变化。

八是黄瓜根毛原生质10~12℃开始停止流动，低温时根细胞原生质流动缓慢，细胞渗透压下降，造成水分供应失衡。当温度低至冻解状态时，细胞间隙的水分结冰，致细胞原生质的水分析出，冰块逐渐加大，造成细胞脱水或使细胞涨离而死亡。

3. 防治方法

（1）选用发芽快、出苗迅速、幼苗生长快的耐低温品种。目前我国已选育出一批在10~12℃条件下也能萌发出苗的耐低温或早熟品种，生产上正在推广的耐低温弱光品种有新34号、早春佳宝F1、农大14号、中农7号、春香、津春3号、莱发2号、津优30号，水果型黄瓜耐低温弱光的品种有迷你4号、津美2号、迷你2号、航育水果型黄瓜、世纪春天1号、世纪春天5号。

（2）采用春化法，把泡涨后快发芽的种子置于0℃冷冻24~36小时后播种，不仅发芽快，还可增强抗寒能力。

（3）施用有机活性肥。

（4）黄瓜播种后种子萌动时，棚温应保持在25~30℃。棚温低于12~15℃，多数种子不能萌发，即使萌发出苗时间也长达50多天，且多形成弱苗。出苗后白天保持25℃，夜温应高于15℃。同时对幼苗进行低温锻炼，当外界气温达到17℃以上时，应提早揭膜锻炼，黄瓜对低温的忍耐力是生理适应过程。生产上要在揭膜前4~5天加强夜间炼苗，只要是晴天，夜间应逐渐把膜揭开，由小到大逐渐撤掉。经过几天锻炼以后叶色变深，叶片变厚，植株含水量降低，束缚水含量提高，过氧化物酶活性提高，原生质胶体黏性、细胞内渗透调节物质的含量增加，可溶性蛋白、可溶性糖和脯氨酸含量提高，抗寒性得到明显提高。

（5）适度蹲苗，尤其是在低温锻炼的同时采用干燥炼苗及蹲苗结合对提高抗寒能力作用更为明显。但蹲苗不宜过度，否则会影响缓苗速度和正常生育。

（6）科学安排播种期和定植期。各地应根据当地历年棚室温度变化规律、低温冷害频率和强度，以及所能采取的防御措施，确定各地科学的播种期。春季定植时应选择冷空气过后回暖的天气，待下次寒流侵袭时已经缓苗，南方最好选有连续3天以上晴天时定植。定植后据天气变化科学控制棚温和地温。

（7）采取有效的保温防冻措施。棚膜应选用无滴膜，盖蒲帘，提倡采用地膜、小棚膜、草袋、大棚膜等多重覆盖，做到前期少通风，中期适时、适量放风，使棚温白天保持在25~30℃，地温18~20℃，土壤含水量达到最大持水量的80%，夜间地温应高于15℃。

八、黄瓜高温障碍

1. 病害特征

棚室保护地栽培黄瓜、水果型黄瓜，进入4月以后，随着气温逐渐升高，在棚室放风不及时或通风不畅的情况下，棚内温度可高达40～50℃，有时午后甚至达50℃以上，对黄瓜生长发育造成危害，即所谓高温障碍或大棚热害。育苗时遇有棚温高，幼苗出现徒长现象，子叶小、下垂、有时出现花打顶；成苗遇高温，叶色浅，叶片大且薄，不舒展，节间伸长或徒长。成株期受害叶片上先出现1～2毫米近圆形至椭圆形褪绿斑点，后逐渐扩大，3～4天后整株叶片的叶肉和叶脉自上而下均变为黄绿色，尤其植株上部严重，严重时植株停止生长（图3-11、图3-12）。

图3-11　黄瓜苗高温障碍　　　　图3-12　黄瓜成株高温障碍

2. 发病原因

棚室内温度高于40℃，土壤含水量少，且持续时间较长，在这种情况下植株生长加快，易疯长。

3. 防治方法

（1）选用露地2号等耐热的品种。

（2）加强通风换气，使棚温保持在30℃以下，夜间控制在18℃左右，相对湿度低于85%。生产上有时即使把棚室的门窗全部打开，温度仍居高不下，这时要把南侧的底边揭开，使棚温降下来，同时要注意浇水，最好在上午8～10时进行，晚上或阴天不要浇水，同时注意水温与地温差应在5℃以内。

（3）黄瓜生长的适宜相对湿度为85%左右。棚室相对湿度高于85%时应通风降湿；傍晚气温10～15℃，通风1～2小时，降低夜间湿度，防止"徒长"，避免高温障碍。

（4）生产上第一批坐瓜少的易引起徒长，形成生长发育过旺的局面。为此，可用保果灵激素100倍液喷花或点花，既可促进早熟增产，又可防止徒长。

（5）施用酵素菌沤制的堆肥或有机活性肥，采用配方施肥技术，适当增施磷、钾肥。也可喷施惠满丰多元复合有机活性液肥，每亩320毫升，稀释500倍，喷叶3次。

（6）遇有持续高温或大气干旱，棚室黄瓜蒸发量大，呼吸作用旺盛，这时消耗的水分很多，持续时间长就会发生打蔫等情况，这时要适当增加浇水次数或喷洒甲壳素1 000倍液。

九、黄瓜缺素症

1. 病害特征

（1）缺氮。叶片小，上位叶更小；从下向上逐渐变黄；叶脉间黄化，叶脉突出，后扩展至全叶；坐果少，膨大慢（图3-13）。

（2）缺磷。生长初期叶片小、硬化，叶色浓绿；定植后，果实朽住不长，成熟晚，叶色浓绿，下位叶枯死或脱落（图3-14）。

（3）缺钾。生育前期叶缘现轻微黄化，后扩展到叶脉间；生育中后期，中位叶附近出现上述症状，后叶缘枯死，叶向外侧卷曲，叶片稍硬化，呈深绿色；瓜条短，膨大不良（图3-15）。

（4）缺钙。距生长点近的上位叶片小，叶缘枯死，嫩叶上卷、老叶降落伞状，叶脉间黄化、叶片变小（图3-16）。

图3-13　黄瓜缺氮叶片

图3-14　黄瓜缺磷叶片

图3-15　黄瓜缺钾叶片

图3-16　黄瓜缺钙叶片

（5）缺镁。在黄瓜植株长有16片叶子后易发病，先是上部叶片发病，后向附近叶片及新叶扩展，黄瓜的生育期提早，果实开始膨大，且进入盛期时，发现仅在叶脉间产生褐色小斑点，下位叶叶脉间的绿色渐渐黄化，进一步发展时，发生严重的叶枯病或叶脉间黄化；生育后期除叶缘残存点绿色外，其他部位全部呈黄白色，叶缘上卷，致叶片枯死，造成大幅度减产（图3-17）。

（6）缺锌。从中位叶开始褪色，叶脉明显，后脉间逐渐褪色，叶缘黄化至变褐，叶缘枯死，叶片稍外翻或卷曲（图3-18）。

图3-17　缺镁黄瓜叶片　　　　　图3-18　缺锌黄瓜叶片

（7）缺铁。植株新叶、腋芽开始变得黄白，尤其是上位叶及生长点附近的叶片和新叶叶脉先黄化，逐渐失绿，但叶脉间不出现坏死斑（图3-19）。

（8）缺硼。生长点附近的节间明显短缩，上位叶外卷，叶缘呈褐色，叶脉有萎缩现象，果实表皮出现木质化，叶脉间不黄化（图3-20）。

图3-19　黄瓜缺铁叶片　　　　　图3-20　黄瓜缺硼叶片

（9）缺锰。植株顶部及幼叶脉间失绿呈浅黄色斑纹，后期除主脉外，叶片其他部分均呈黄白色，在脉间出现坏死斑；芽的生长严重受到抑制，蔓短而细弱，新叶细小，花芽常呈黄色（图3-21）。

（10）缺铜。上部叶出现黄化，顶端叶不能正常展开，叶缘局部枯死（图3-22）。

图3-21　黄瓜缺锰叶片　　　　　图3-22　黄瓜缺铜叶片

2. 发病原因

（1）缺氮。主要是前作施入有机肥少，土壤含氮量低或降雨多氮被淋失；生产上沙土、沙壤土、阴离子交换少的土壤易缺氮。此外，收获量大的，从土壤中吸收的氮肥多，且追肥不及时易出现氮素缺乏症。

（2）缺磷。有机肥施用量少、地温低常影响对磷的吸收，此外利用大田土育苗，施用磷肥不够或未施磷，易出现磷素缺乏症。

（3）缺钾。主要原因是沙性土或含钾量低的土壤，施用有机肥料中钾肥少或含钾量供不应求；地温低、日照不足、湿度过大妨碍钾的吸收，或施用氮肥过多对吸收钾产生拮抗作用；叶片含K_2O在3.5%以下时易发生缺钾症。

（4）缺钙。主要原因是施用氮肥、钾肥过量会阻碍对钙的吸收和利用；土壤干燥、土壤溶液浓度高，也会阻碍对钙的吸收；空气湿度小，蒸发快，补水不及时及缺钙的酸性土壤上都会发生缺钙。

（5）缺镁。随黄瓜坐瓜增多，植株需镁量增加，但在黄瓜植株体内，镁和钙的再运输能力较差，常常出现供不应求的情况，导致缺镁而发生叶枯病。研究表明叶枯症的发生与植株内镁的浓度密切相关。开花后采摘上位第16～18叶中的一张叶片进行镁浓度测定，当叶片中镁含量约在0.2%时，就会出现叶枯病，当叶片中镁含量<0.4%时应及时防治。生产上连年种植黄瓜的大棚，结瓜多，易发病，干旱条件下发病重。此外，用瓠瓜（扁蒲）做砧木与黄瓜嫁接的常比用南瓜做砧木的嫁接苗发病重。

（6）缺锌。光照过强或吸收磷过多易出现缺锌症。多认为土壤pH值高，即使土壤中有足够的锌，也不易溶解或被吸收。

（7）缺铁。在碱性土壤中，磷肥施用过量易导致缺铁；土温低、土壤过干或过湿，不利根系活力，易产生缺铁症。此外，土壤中铜、锰过多，妨碍对铁的吸收和利用而出现缺铁症。

（8）缺硼。在酸性沙壤土上，一次施用过量石灰肥料易发生缺硼；土壤干燥时影响植株对硼的吸收，当土壤中施用有机肥数量少、土壤pH值高、钾肥施用过多时均影响对硼的吸收和利用，出现硼素缺乏症。

（9）缺锰。常发生在碱性或石灰性土壤及沙质土壤上，沙性土壤，雨水多加快了锰的淋失，会造成缺锰；生产上施用石灰质碱性肥料，使土壤有效锰含量急剧下降，也会诱发缺锰。

（10）缺铜。石灰性和沙性土容易出现有效铜含量低，造成缺铜。

3. 防治方法

（1）防止缺氮。首先要根据黄瓜对氮、磷、钾三要素和对微肥的需要，施用酵素菌沤制的堆肥或有机复合肥或有机活性肥，采用配方施肥技术，防止氮素缺乏。低温条件下可施用硝态氮；田间出现缺氮症状时，应当机立断埋施充分腐熟发酵好的人粪肥，也可把碳酸氢铵、尿素混入10～15倍有机肥料中，施在植株两旁后覆土，浇水，此外也可喷洒0.2%尿素或碳酸氢铵溶液。

（2）防止缺磷。黄瓜对磷肥敏感，每100克土含磷量应在30毫克以上，低于这个指标时，应在土壤中增施过磷酸钙，尤其是苗期黄瓜苗特别需要磷，培养土每升要施用五氧化二磷1 000～1 500毫克，土壤中速效磷含量应达到40毫克/千克，每缺1毫克/千克，应补施标准的磷酸钙2.5千克。应急时可在叶面喷洒0.2%～0.3%磷酸二氢钾2～3次。

（3）防止缺钾。黄瓜对钾肥的吸收量是吸收氮肥的一半，采用配方施肥技术，确定施肥量时应予注意。土壤中缺钾时可用硫酸钾，每亩平均施入3～4.5千克，一次施入。应急时也可叶面喷洒0.2%～0.3%磷酸二氢钾或1%草木灰浸出液。

（4）防止缺钙。首先通过土壤化验了解钙的含量，如不足可深施石灰肥料，使其分布在根系层内，以利吸收；避免钾肥、氮肥施用过量。应急时也可喷洒0.3%氯化钙水溶液，每3～4天1次，连续喷3～4次。

（5）防止缺镁。生产上发生叶枯病的田块，土壤诊断出缺镁时，应施用足够的有机肥料，注意土壤中钾、钙的含量，注意保持土壤的盐基平衡，避免钾、钙施用过量，阻碍对镁的吸收和利用。实行2年以上的轮作。经检测当黄瓜叶片中镁的浓度低于0.4%时，于叶背喷洒1%～2%硫酸镁溶液，隔7～10天1次，连续喷施2～3次。

（6）防止缺锌。土壤中不要过量施用磷肥；田间缺锌时可施用硫酸亚锌，每亩1.3千克；应急时，叶面喷洒0.1%～0.2%水溶液。

（7）防止缺铁。土壤保持pH值6～6.5，施用石灰时不要过量，防止土壤变为碱性；土壤水分应稳定，不宜过干、过湿，应急措施可用0.1%～0.5%硫酸亚铁水溶液喷洒。

（8）防止缺硼。如已知土壤缺硼，在施用有机肥中事先加入硼肥或每亩施入硼酸0.3千克，黄瓜对硼敏感，不要过量，适时灌水防止土壤干燥，不要过多施用石灰肥料，使土壤保持中性，应急时叶面喷施0.12%～0.25%的硼砂或硼酸水溶液。

（9）防止缺锰。一是施用硫黄中和土壤碱性，降低土壤pH值，提高土壤中锰的有效性，每亩轻质土用1.5千克，黏质土用2千克。二是施用锰肥，亩用硫酸锰1～2千克。也可叶面喷施硫酸锰，浓度为0.15%，用液量亩用对好的肥液50毫升。对于黄瓜缺素症在上述措施的基础上，还可选用40%乙烯利水剂2 500倍液在黄瓜3～4叶期喷洒，可增加雌花数量。或用1.8%复硝酚钠水剂5 000～6 000倍液在生长期或花蕾期均匀喷洒，调节生长、防止落花、提高产量。也可在苗期喷一次0.004%芸薹素内酯水剂1 000～1 500倍液，促花芽分化，增加雌花比例。初花期喷洒1～2次，可提高坐果率，提高产量；植株生长期用8%吡啶醇乳油800倍液喷洒对提高坐瓜率、增加产量效果明显。

（10）防止缺铜。叶面喷施0.1%硫酸铜。

十、冬瓜裂果

1. 病害特征

夏季栽培的冬瓜，经常发生裂果，不仅影响外观，且影响品质，失去商品价值。此外，裂果还可使病菌侵入瓜内繁殖，造成果实局部变质或腐烂，影响储藏和运输。生产上瓜类裂果按发生的部位和形态，通常分3种类型：一是放射状裂果，以果蒂为中心向果肩部延伸，呈放射状深裂；二是环状裂果，呈环状开裂；三是条状裂果。此外，在一个果实上也有环状或放射混合型裂果，还有侧面裂果或裂皮现象（图3-23）。

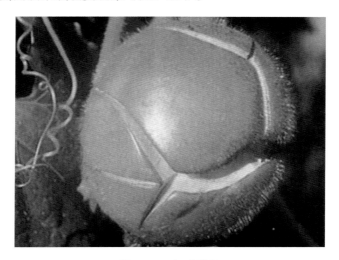

图3-23　冬瓜裂果

2. 发病原因

夏季高温、烈日、干旱、暴雨、浇水不均等不利条件都是引起冬瓜、节瓜裂果的主要原因，特别是遇阵雨和暴雨，引起根系生理机能障碍，且妨碍对硼素的正常吸收或运转，经3~6天，即产生裂果。在果实发育过程中，前期由于土壤或空气干旱，果实内的水分由叶面大量蒸发散失，表皮生长受抑，这时突然降雨或灌水过量，果皮生长赶不上果肉组织膨大产生膨压，致果面发生裂口，由于水分过多，裂口会增大和加深。因此，生产上在果实膨大期，干湿变幅大，是发生裂果的主要原因。此外，烈日直射果面，果面温度升高或果实成熟过度、果皮老化也可发生裂果。

裂果程度主要与下列因素有关：一与果实表皮强度和伸张性有关，即受果实表皮薄壁细胞厚度的制约，与果实硬度、果肉中果胶酶活性关系不明显；二与瓜果种类和品种有关；三与栽培技术有关。生产上管理好的瓜园植株生长旺盛，营养生长和生殖生长比较协调，裂果少；植株生长差，茎叶、根系、植株营养状况不良，到采收后期普遍裂果。

3. 防治方法

（1）选择抗裂品种。

（2）在多雨地区或多雨季节，采用深沟高畦或起垄及搭架栽培法。

（3）增施有机活性肥，增加土壤透水性和保水力，使土壤供水均匀，根系发达，枝繁叶茂，及时整枝使果实发育正常，可减少裂果。

（4）冬瓜、节瓜果实顶端和贴地部位果皮厚壁细胞层较少，栽培中可翻转果实促进其发育。

（5）适时采收，减少裂果数量。

（6）必要时在果实膨大期喷洒0.1％硫酸锌或硫酸铜，可提高抗热性，增强抗裂能力。此外，在花瓣脱落后喷洒15毫克/千克赤霉素或吲哚乙酸或30毫克/千克萘乙酸，隔7天1次，连续2～3次，也可防止裂果。

十一、冬瓜缺素症

（一）病害特征

1. 缺氮

叶片均匀黄化，黄化先由下部老叶开始，逐渐向上扩展，幼叶生长缓慢，花小，化瓜严重。果实短小，畸形瓜增多，严重缺氮时，整株黄化，不易坐果（图3-24）。

2. 缺磷

植株生长受抑，叶片小，颜色变浓绿，老叶有暗紫色斑块，下位叶易脱落。有时叶片皱曲。

3. 缺钾

生长缓慢，节间短，叶片小，叶片呈青铜色，而边缘变成黄绿色，叶片黄化，严重的叶缘呈灼焦状干枯。主脉凹陷，后期叶脉间失绿且向叶片中部扩展，失绿症状先从植株下部老叶片出现，逐渐向上部新叶扩展。果实中部、顶部膨大伸长受阻，较正常果实短且细，形成粗尾瓜或尖嘴瓜或大肚瓜等畸形果（图3-25）。

图3-24　冬瓜缺氮叶片症状　　　　图3-25　冬瓜缺钾叶片症状

4. 缺镁

老叶显症明显，主脉附近的叶脉间失绿，叶缘尚保持一些绿色，严重缺镁时叶片萎缩（图3-26）。

5.缺铁

上部叶片除叶脉外都变黄，严重时白化，芽生长停止，叶缘坏死完全失绿（图3-27）。

图3-26　冬瓜缺镁叶片症状

图3-27　冬瓜缺铁叶片症状

（二）发病原因

1.缺氮

一是土壤有机质含量低，有机肥施用量低；二是土壤供氮不足或在改良土壤时施用稻草过多；三是土壤板结，可溶盐含量高的条件下，根系活力减弱，吸氮量减少，也易出现缺氮症状。

2.缺磷

系土壤含磷量低或磷肥施用量不足。

3.缺钾

主要是土壤沙或有机质含量低，有机肥施用量不足或土温低和铵态氮肥施用量过大。

4.缺镁

沙土或沙壤土中镁含量低，而引起缺镁症。

5. 缺铁

磷肥施用过量，碱性土壤及土壤中铜、锰过量，土壤过干、过湿，温度低，均易发生缺铁。

（三）防治方法

1. 防止缺氮

采用冬瓜、节瓜配方施肥技术，施足腐熟有机肥。应急时每亩追施发酵好的粪稀或化肥5~6千克（纯氮）。也可用0.5%尿素水溶液进行根外追肥。

2. 防止缺磷

注意提高地温，定植时每亩施用磷酸二铵20~30千克，腐熟有机肥3 000千克。

3. 防止缺钾

从提高地力入手，施用适量堆肥或厩肥，以增加钾肥蓄积。此外，土壤中有硝酸态氮存在时，有利于冬瓜、节瓜对钾的吸收，有铵态氮存在时，则吸收被抑制，引发缺钾。为此土壤中要增施腐殖质，使其形成团粒结构，利于硝酸化菌把铵态氮变成硝酸态氮，使氮钾协调，以利冬瓜、节瓜吸收。应急时叶面喷洒0.3%磷酸二氢钾溶液。

4. 防止缺镁

在沙土或沙壤土上要适当施用镁肥，提倡施用含镁石灰（白云石），这是一种含镁和钙的土壤改良剂，尤其是在酸化土壤上每亩施用20~30千克，既能中和土壤酸，又能补充土壤中钙和镁的不足，应急时也可叶面喷洒1.3%的硫酸镁水溶液。

5. 防止缺铁

少用碱性肥料，防止土壤呈碱性。土壤pH值应为6~6.5，防止土壤过干、过湿。缺铁土壤每亩用硫酸亚铁2~3千克作基肥，喷洒0.1%~0.5%硫酸亚铁水溶液或柠檬酸铁1 000毫克/千克。

十二、南瓜日灼

1. 病害特征

发生在南瓜果实的向阳面上，受害部初期呈透明革质状，有光泽，后变薄呈白色，持续时间长了，腐生菌侵入后，长出黑霉（图3-28）。

图3-28　南瓜日灼病症状

2. 发病原因

由强烈阳光直接照射果皮引起。

3.防治方法

（1）选用抗日灼的品种。

（2）种植密度适当，并使果实上有叶片覆盖。

（3）加强管理，天气长期干旱，阳光强烈时适当灌水，可防止该病发生。

十三、南瓜缺素症

（一）病害特征

南瓜缺镁，叶片均匀褪绿黄化，叶脉保持绿色。南瓜缺硼，顶叶萎缩，叶片黄化并反卷，茎和叶柄上有龟裂（图3-29、图3-30）。

图3-29 南瓜缺镁症状

图3-30 南瓜缺硼症状

（二）发病原因

1.南瓜缺镁病因

一是土壤供镁不足；二是土壤中的有效镁与酸碱性密切相

关，土壤中的有效镁随pH值下降土壤酸性增加而降低，酸性较强的土壤往往供镁不足，生产上遇到干旱减少了南瓜对镁的吸收，夏季强光会加重缺镁症的发生；三是施肥不当，当瓜田过量施用钾肥和氨态氮时会诱发缺镁，目前菜田普遍偏施氮肥，是造成瓜田缺镁较多的原因之一。

2. 南瓜缺硼病因

一是新垦的瓜田土壤有机质少，有效硼储量低；二是土壤干旱影响有机质的分解，减少硼的供给，同时干旱使土壤对硼的固定作用增强，降低了硼的有效性，再加上土壤水分不足，硼的流动性减少都会引发缺硼。

（三）防治方法

1. 防止缺镁

土壤供镁不足，每亩施入硫酸镁2～4千克，对酸性土最好用镁石灰（白云石烧制的石灰）50～100千克，既补镁，又可改良土壤酸性。对根系吸收障碍引起的缺镁，可叶面喷洒1%～2%硫酸镁溶液，隔5～7天1次，连喷3～5次。控制氮肥用量。

2. 防止缺硼

南瓜对硼是敏感的，每亩施硼酸1.2千克，提倡与有机肥配合施用可增加施硼效果。有机肥本身含有硼，全硼含量为20～30毫克/千克，施入土壤后可随有机肥料的分解释放出来。生产上要注意控制氮肥用量，防止铵态氮过多，不仅会使南瓜体内氮和硼的比例失调，而且影响硼的吸收。

十四、西葫芦瓜条变白

1. 病害特征

西葫芦瓜条发白（图3-31）。

图3-31 西葫芦瓜条发白

2. 发病原因

主要原因是西葫芦果实表面的叶绿素缺失。叶绿素合成过程中，受很多因素影响，主要是温度、光照、水分及微量元素。春分时节仍有降雪，气温很低，再加上光照不足及土壤干旱都严重影响微量元素的吸收和种种合成酶的活性，造成瓜条中的叶绿素合成受抑，引起瓜条发白。

3. 防治方法

（1）增加棚室光照、擦净棚膜。有人试验每隔5～7天清洗棚膜表面的灰尘、碎草等可提高透光率5%～8%；晴天及时撤掉大棚中的二膜、三膜，减少遮光。

（2）加强棚室夜间保温，进入结果期以后，白天棚温保持在25℃，夜间保持在10℃。

（3）防止干旱，以免影响对微量元素的吸收。

（4）叶面补施微量元素铁、镁等，铁、镁不仅是叶绿素的组成成分，也是叶绿素合成的催化剂；提倡喷施光合动力、乐多收等叶面肥，以利叶绿素的制造。

十五、西葫芦裂果

1. 病害特征

西葫芦、小西葫芦、金皮西葫芦裂果常有发生，幼瓜、成瓜均有发生。常见裂瓜有纵向、横向或斜向开裂3种，裂口深浅、开裂宽窄不一，严重的可深至瓜瓤、露出种子，裂口创面逐渐木栓化，轻者仅裂开一条小缝，接近成熟的瓜多出现较严重或严重开裂（图3-22）。

2. 发病原因

一是西葫芦生长中遇长期干旱或怕发生灰霉病控水过度，突降暴雨或大雨或浇水过量，致果肉细胞吸水膨大，而果皮因细胞趋于老化，造成不能同步膨大，就会出现裂瓜。此后果实继续生长，裂口也会逐渐加大或加深。二是幼果在生长发育过程中遇机械伤害产生伤口时，常在伤口处产生裂果。三是西葫芦缺硼时，果实易发生纵裂。此外，开花时花器供钙不足，也可造成幼果开裂。

图3-32   西葫芦裂果症状

3.防治方法

（1）选择土质肥沃、保水性能好的地块种植西葫芦。

（2）施足腐熟有机肥、采用配方施肥技术，注意氮、磷、钾配合比例，注意钾肥、钙肥和硼肥的施用。

（3）保持土壤湿润，避免长期干旱，浇水量适中，不要大水漫灌，大暴雨后要及时排水。

十六、西葫芦缺素症

（一）病害特征

1.缺钾

新叶呈爪形，老叶产生块状黄化或坏死，叶缘皱缩不平，严重时呈焦枯状（图3-33）。

2. 缺钙

新叶生长受阻，叶片的叶缘残缺不全，叶面皱缩，有黄色至黄褐色斑块，生长点新抽出的叶片上出现水渍状斑块（图3-34）。

图3-33　西葫芦叶片缺钾症状

图3-34　西葫芦叶片缺钙症状

3. 缺硼

上部新叶萎缩并失绿黄化，叶柄上现明显的横裂（图3-35）。

4. 缺镁

叶脉间失绿变黄，叶脉保持绿色呈掌状花叶。西葫芦缺锌叶小、黄绿色（图3-36）。

图3-35　西葫芦叶片缺硼症状

图3-36　西葫芦叶片缺镁症状

（二）发病原因

病因参见黄瓜缺素症。

（三）防治方法

防治方法参见黄瓜缺素症。

第四章
瓜类蔬菜主要害虫防治

一、瓜蚜

1. 为害特征

瓜蚜别名棉蚜（图4-1），主要为害黄瓜、南瓜、西葫芦、西瓜、豆类、菜用玉米、玉米、茄子、菠菜、葱、洋葱等，以及棉、烟草、黄秋葵、甜瓜、哈密瓜、食用仙人掌、菜用番木瓜、甜菜等植物。以成虫及若虫在叶背和嫩茎上吸食作物汁液。瓜苗嫩叶及生长点被害后，叶片卷缩，瓜苗萎蔫，甚至枯死。老叶受害，提前掸落，缩短结瓜期，造成减产（图4-2）。

2. 生活习性

华北地区年发生10余代，长江流域20～30代，以卵在越冬寄主上或以成蚜、若蚜在温室内蔬菜上越冬或继续繁殖。春季气温达6℃以上开始活动，在越冬寄主上繁殖2～3代后，于4月底产生有翅蚜迁飞到露地蔬菜上繁殖为害，直至秋末冬初又产生有翅蚜迁入保护地，可产生雄蚜与雌蚜交配产卵越冬。春、秋季10

余天完成1代，夏季4～5天1代，每雌可产若蚜60余头。繁殖适温为16～20℃，北方超过25℃、南方超过27℃，相对湿度达75%以上，不利于瓜蚜繁殖。北方露地以6—7月中旬虫口密度最大，为害最重。7月中旬以后，因高温、高湿和降雨冲刷，不利于瓜蚜的生长发育，为害程度也减轻。通常，窝风地受害重于通风地。

图4-1　瓜蚜

图4-2　瓜蚜为害黄瓜叶片

3. 防治方法

（1）保护地提倡采用24～30目、丝径0.18毫米的银灰色防虫网，防治瓜蚜，兼治瓜绢螟、白粉虱等其他害虫，方法参见美洲斑潜蝇。

（2）采用黄板诱杀。用一种不干胶或机油，涂在黄色塑料板上，粘住蚜虫、白粉虱、斑潜蝇等，可减轻受害。

（3）生物防治。①人工饲养七星瓢虫，于瓜蚜发生初期，每亩释放1 500头于瓜株上，控制蚜量上升。②于瓜蚜点片发生时，喷洒1%苦参碱2号可溶性液剂1 200倍液、0.3%苦参碱杀虫剂纳米技术改进型2 200倍液、99.1%敌死虫乳油300倍液、0.5%印楝素乳油800倍液。

（4）药剂防治。可喷洒50%氟啶虫胺腈水分散粒剂1克/亩，持效14天；22.4%螺虫乙酯悬浮剂3 000倍液，持效30天；5%啶虫脒乳油2 500倍液；22%螺虫乙酯·噻虫啉（稳特）悬浮剂每亩用40毫升，持效21天。15%唑虫酰胺乳油600～1 000倍液、50%丁醚脲悬浮剂或可湿性粉剂1 000～1 500倍液、10%烯啶虫胺水剂或可溶性液剂2 000～3 000倍液、25%吡蚜酮悬浮剂2 000～2 500倍液、50%吡蚜酮水分散粒剂4 500倍液。抗蚜威对菜蚜（桃蚜、萝卜蚜、甘蓝蚜）防效好，但对瓜蚜效果差。保护地可选用15%异丙威杀蚜烟剂，每亩550克，每60米²放一燃放点，用明火点燃，6小时后通风，效果好。也可选用灭蚜粉尘剂，每亩用1千克，用手摇喷粉器喷撒在瓜株上空，不要喷在瓜叶上。生产上蚜虫发生量大时，可在定植前2～3天喷洒幼苗，同时将药液渗到土壤中。要求每平方米喷淋药液2升，也可直接向土中浇灌根部，控制蚜虫、粉虱，持效期为20～30天。

二、瓜田棉铃虫

1. 为害特征

瓜田棉铃虫也称棉铃食夜蛾。分布于全国，寄主为西瓜、辣椒、白菜、玉米、豌豆、棉花等作物，杂食性，幼虫可以蛀食花和果实，是西瓜的主要害虫之一，棉铃虫幼虫为害花、幼瓜、瓜柄等部位后，易造成落花、幼瓜腐烂和脱落，严重影响西瓜产量和品质（图4-3、图4-4）。

2. 生活习性

内蒙古自治区、新疆维吾尔自治区年生3代，华北4代，黄河流域3～4代，长江流域4～5代，以蛹在土中越冬，翌春气温升至15℃以上，开始羽化，4月下旬至5月上旬进入羽化盛期，成虫出现，第1代在6月中、下旬，第2代在7月中、下旬，第3代在8月中、下旬至9月上旬。

图4-3　棉铃虫幼虫　　　　　　图4-4　棉铃虫为害苦瓜

3. 防治方法

卵孵化盛期至幼虫2龄前幼虫未蛀入果内之前喷洒2%甲维盐3 000～4 000倍液或200克/升氯虫苯甲酰胺悬浮剂3 000～4 000倍液，10～12天1次。

三、瓜田烟夜蛾

1. 为害特征

瓜田烟夜蛾（图4-5）主要为害西瓜、南瓜、甜玉米等。

以幼虫蛀害蕾、花、果，也为害嫩茎、叶、芽，果实被蛀引起腐烂造成大量落果，大幅减产，是西瓜、南瓜生产上的重要害虫，尤其是西瓜开花后成虫进入瓜田产卵，1～2龄幼虫藏匿花中取食花蕊和嫩叶，3龄后咬食幼果或蛀入果中，造成大量烂瓜。

图4-5 瓜田烟夜蛾

2. 生活习性

全国均有发生，代数较棉铃虫少，在华北一年2代，以蛹在土中越冬。成虫卵散产，前期多产在寄主植物上中部叶片背面的叶脉处，后期产在萼片和果上。成虫可在番茄上产卵，但存活幼虫极少。幼虫昼间潜伏，夜间活动为害。发育历期：卵3～4天，幼虫11～25天，蛹10～17天，成虫5～7天。

3. 防治方法

参见瓜田棉铃虫。

四、瓜田斜纹夜蛾

1. 为害特征

瓜田斜纹夜蛾（图4-6、图4-7）主要为害西葫芦、冬瓜、瓠瓜、西瓜等瓜类。幼虫咬食瓜类叶、花、果实，大发生时能把西葫芦等瓜类全棚植株吃成光秆，造成绝收。

图4-6　斜纹夜蛾成虫

图4-7　斜纹夜蛾幼虫

2. 生活习性

成虫（图4-8）昼伏夜出，具有趋光性和趋化性，对糖、醋、酒等尤为敏感；卵多产于蕉叶背面，外覆黄白色绒毛；初孵幼虫具有群集为害习性，3龄以后则开始分散，老龄幼虫有昼伏性和假死性；幼虫老熟后即在土面钻孔筑室化蛹（图4-9、图4-10）。

图4-8　斜纹夜蛾成虫

图4-9　斜纹夜蛾幼虫

图4-10　斜纹夜蛾蛹

3. 防治方法

（1）在各代幼虫低龄期，用90%敌百虫50克，对水60千克，喷雾，效果好。

（2）冬瓜、瓠瓜田可喷洒25%噻虫嗪水分散粒剂5 000倍液或1.8%阿维菌素乳油2 000倍液、1.5%甲维盐乳油2 500倍液、15%茚虫威悬浮剂2 500倍液、10%虫螨腈悬浮剂1 500倍液、20%虫酰肼悬浮剂800倍液，7天防效90%左右。

五、瓜田甜菜夜蛾

1. 为害特征

瓜田甜菜夜蛾（图4-11、图4-12）以初孵幼虫结疏松网在叶背群集取食叶肉，受害部位呈网状半透明的窗斑，干枯后纵裂。3龄后幼虫开始分群为害，可将叶片吃成孔洞、缺刻，严重时全部叶片被食尽，整个植株死亡。4龄后幼虫开始大量取食，蚕食叶片，啃食花瓣，蛀食茎秆及果荚。

图4-11 甜菜夜蛾成虫

图4-12 甜菜夜蛾幼虫

2. 生活习性

山东、江苏、陕西年生4～5代，北京年生5代，长江中下游年生5～6代，深圳年生10～11代，江苏北部地区以蛹在土室内越冬，广东、深圳终年为害。

3. 防治方法

幼虫3龄前日落时喷洒5%氯虫苯甲酰胺悬浮剂1 000～1 500倍液，10～12天1次。或用20%氟虫双酰胺水分散粒剂3 000倍液，10～12天1次。或用22%氰氟虫腙悬浮剂600倍液，6%乙基多杀菌素悬浮剂1 500～2 000倍液，有利于保护天敌。

六、黄足黄守瓜

1. 为害特征

黄足黄守瓜别名黄守瓜黄足亚种、瓜守、黄虫、黄萤。分布于东北、华北、华东、华南、西南等地区。成虫（图4-13）取食瓜苗的叶和嫩茎，常常引起死苗，也为害花及幼瓜（图4-14）。

幼虫在土中咬食瓜根，导致瓜苗整株枯死，还可蛀入接近地表的瓜内为害。防治不及时，可造成减产。

图4-13　黄足黄守瓜成虫

图4-14　黄足黄守瓜为害叶片

2. 生活习性

华北1年发生1代，华南发生3代，台湾发生3～4代，以成虫在地面杂草丛中群集越冬。翌春气温达10℃时开始活动，以中午前后活动最盛，自5月中旬至8月皆可产卵，以6月最盛，每雌可产卵4～7次，每次平均约30粒，产于潮湿的表土内。此虫喜温湿，湿度愈高产卵愈多，每在降雨之后即大量产卵。相对湿度在75%以下卵不能孵化，卵发育历期10～14天，孵化出的幼虫即可为害细根，3龄以后食害主根，致使作物整株枯死。幼虫在土中活动的深度为6～10厘米，幼虫发育历期19～38天。前蛹期约4天，蛹期12～22天。1年1代区的成虫于7月下旬至8月下旬羽化，再为害瓜叶、花或其他作物，此时瓜叶茂盛，多不引起注意，秋季以成虫进入越冬。

3. 防治方法

（1）苗期防黄守瓜保苗。在黄瓜7片真叶以前，采用网罩法罩住瓜类幼苗，待瓜苗长大后撤掉网罩。

（2）撒草木灰法。对幼小瓜苗在早上露水未干时，把草木灰撒在瓜苗上，能驱避黄守瓜成虫。

（3）人工捕捉。4月瓜苗小时于清晨露水未干成虫不活跃时捕捉，也可在白天用捕虫网捕捉。

（4）药驱法。把缠有纱布或棉球的木棍或竹棍蘸上稀释的农药，纱布棉球朝天插在瓜苗旁，高度与瓜苗一致，农药可用52.5%毒死蜱·氯氰菊酯20～30倍液，驱虫效果好。

（5）进入5月中、下旬瓜苗已长大，这时黄守瓜成虫开始在瓜株四周往根上产卵，于早上露水未干时在瓜株根际土面上铺一层草木灰或烟草粉、黑籽南瓜枝叶、艾蒿枝叶等，能驱避黄守瓜前来产卵，可减少对黄瓜的为害。

（6）进入6—7月经常检查根部，发现有黄守瓜幼虫时，地上部萎蔫，或黄守瓜幼虫已钻入根内时，马上往根际喷淋或浇灌5%氯虫苯甲酰胺悬浮剂1 500倍液、24%氰氟虫腙悬浮剂900倍液、10%虫螨腈悬浮剂1 200倍液、30%氯虫·噻虫嗪悬浮剂6.6克/亩，7～10天1次。交替使用，效果好。

七、美洲斑潜蝇

1. 为害特征

黄瓜、番茄、茄子、辣椒、豇豆、蚕豆、大豆、菜豆、芹菜、甜瓜、西瓜、冬瓜、丝瓜、西葫芦、小西葫芦、人参果、樱桃番茄、蓖麻、大白菜、棉花、油菜、烟草等22科110多种植物。

成虫、幼虫（图4-15）均可为害，雌成虫飞翔把植物叶片刺伤，进行取食和产卵，幼虫潜入叶片和叶柄为害，产生不规则蛇形白色虫道，叶绿素被破坏，影响光合作用（图4-16）。受害重的叶片脱落，造成花芽、果实被灼伤，严重的造成毁苗。美洲斑潜蝇发生初期，虫道呈不规则线状伸展，虫道终端常明显变宽。

为害严重的叶片迅速干枯。受害田块受蛀率30%～100%，减产30%～40%，严重的绝收。

图4-15　美洲斑潜蝇幼虫和成虫

图4-16　黄瓜叶片为害状

2. 生活习性

成虫以产卵器刺伤叶片，吸食汁液。雌虫把卵产在部分伤孔表皮下，卵经2～5天孵化，幼虫期4～7天。末龄幼虫咬破叶表皮在叶外或土表下化蛹，蛹经7～14天羽化为成虫。每世代夏季2～4周，冬季6～8周。美洲斑潜蝇等在我国南部周年发生，无越冬现象。世代短，繁殖能力强。

3. 防治方法

美洲斑潜蝇抗药性发展迅速，具有抗性水平高的特点，给防治带来很大困难，因此已引起各地重视。

（1）严格检疫，防止该虫扩大蔓延。北运菜发现有斑潜蝇幼虫、卵或蛹时，要就地销售，防止把该虫运到北方。

（2）各地要重点调查，严禁从疫区引进蔬菜和花卉，以防传入。

（3）农业防治。在斑潜蝇为害重的地区，要考虑蔬菜布局，把斑潜蝇嗜好的瓜类、茄果类、豆类与其不为害的作物进行套种或轮作；适当疏植，增加田间通透性；收获后及时清洁田园，把被斑潜蝇为害作物的残体集中深埋、沤肥或烧毁。

（4）棚室保护地和育苗畦提倡用蔬菜防虫网，能防止斑潜蝇进入棚室中为害、繁殖。提倡全生育期覆盖，覆盖前清除棚中残虫，防虫网四周用土压实，防止该虫潜入棚中产卵。可选20～25目（每平方英寸面积内的孔数）、丝径0.18毫米、幅宽12～36米、白色、黑色或银灰色的防虫网，可有效防止该虫为害。此外，还可防治菜青虫、小菜蛾、甘蓝夜蛾、甜菜夜蛾、斜纹夜蛾、棉铃虫、豆野螟、瓜绢螟、黄曲条跳甲、猿叶虫、二十八星瓢虫、蚜虫等多种害虫。为节省投入，北方于冬春两季，南方于6—8月，也可在棚室保护地入口和通风口处安装防虫网，阻挡多种害虫侵入，有效且易推广。

（5）防虫网中存有残虫的，可采用灭蝇纸诱杀成虫。在成虫始盛期至盛末期，每亩设置15个诱杀点，每个点放置1张诱蝇纸诱杀成虫，3～4天更换1次。也可用黄板诱杀。

八、美洲棘蓟马

1. 为害特征

寄主对象为温室作物特别是蔬菜，如黄瓜、番茄等。主要为害苗期蔬菜以及花（图4-17）。

2. 生活习性

该蓟马营两性生殖和孤雌产雄生殖两种生殖方式。把卵产在叶背表皮下。若虫孵化后就在叶片上取食为害。直到2龄蜕皮后才进入前蛹期，前蛹经蜕皮后进入蛹期。卵、1龄若虫、2龄若虫、蛹和从卵至成虫的发育历期在黄瓜上分别是（15.6±1.8）天、（3.6±0.8）天、（2.1±0.4）天、（5.2±0.9）天和26.5天。在辣椒上的发育历期比在黄瓜上长20%。在温室中可常年发生为害。

图4-17　为害黄瓜花

3. 防治方法

（1）保护利用塔六点蓟马、捕食螨进行生物控制。

（2）在田间喷洒24%螺虫乙酯悬浮剂2 000倍液、10%烯啶虫胺可溶性液剂2 500倍液、10%吡虫啉悬浮剂1 500倍液。

九、细角瓜螨

1. 为害特征

细角瓜螨（图4-18、图4-19）别名锯齿螨。主要为害南瓜、黄瓜、苦瓜、豆类、刺槐。受害瓜蔓初现黄褐色小点，卷须枯死，叶片黄化；严重的环蔓变褐，提前枯死。

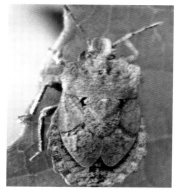

图4-18 细角瓜蝽成虫

图4-19 细角瓜蝽若虫

2. 生活习性

江西、河南年生1代，广东年生3代，以成虫在枯枝丛中、草屋的杉皮下、石块、土缝等处越冬。翌年5月，越冬成虫开始活动，6月初至7月下旬产卵，6月中旬至8月上旬孵化，7月中旬末至9月下旬羽化，进入10月中、下旬陆续蛰伏越冬。成虫、若虫性喜荫蔽，白天光强时常躲在枯黄的卷叶里、近地面的瓜蔓下及蔓的分枝处，多在寄主苑部至3米高处的瓜蔓、卷须基部、腋芽处为害，低龄若虫有群集性，喜栖息在茎蔓内，成虫把卵产在蔓基下、卷须上，个别产在叶背，多成单行排列，个别成2行，每雌产卵24～32粒，一般26粒。卵期8天，若虫期50～55天，成虫寿命10～20天。

3. 防治方法

（1）利用椿象的群集性和假死性，振落地上，集中杀灭。

（2）人工摘除卵块。

（3）喷洒40%，乙酰甲胺磷乳油700倍液或40%啶虫脒水分散粒剂3 500倍液。

十、瓜褐蝽

1. 为害特征

别名九香虫、黑兜虫、臭屁虫。分布在我国河南、江苏、广东、广西、浙江、福建、四川、贵州、台湾。主要为害节瓜、冬瓜、南瓜、丝瓜，亦为害豆类、茄、桑、柑橘等。

小群成虫、若虫（图4-20、图4-21）栖集住瓜藤上吸食汁液，造成瓜藤枯黄、凋萎，对植株生长发育影响很大。

图4-20　瓜褐蝽成虫　　　　　图4-21　瓜褐蝽若虫

2. 生活习性

该虫在河南信阳以南、江西以北年生1代，广东、广西年生3代。以成虫在土块、石块下或杂草、枯枝落叶下越冬。发生1代的地区4月下旬至5月中旬开始活动，随之迁飞到瓜类幼苗上为害，尤以5—6月间为害最盛。6月中旬至8月上旬产卵，卵串产于瓜叶背面，每雌产卵50～100粒。6月底至8月中旬幼虫孵化，8月中旬至10月上旬羽化，10月下旬越冬。发生3代的地区，3月底越冬成虫开始活动。第1代多在5—6月间，第2代在7—9月间，第3代多发生在9月底，11月中旬成虫越冬。成虫、若虫常几头或几十头集中在瓜藤基部、卷须、腋芽和叶柄上为害，初龄若虫喜欢在蔓裂处取食为害。成虫、若虫白天活动，遇惊坠地，有假死性。

3. 防治方法

（1）利用瓜褐蝽喜闻尿味的习性，于傍晚把用尿浸泡过的稻草，捅在瓜地里，每亩插6～7束，成虫闻到尿味就会集中住草把上，翌晨集中草把深埋或烧毁。

（2）必要时喷洒22%氰氟虫腙悬浮剂500～700倍液、40%啶虫脒水分散粒剂3 000～4 000倍液、20%虫酰肼悬浮剂800倍液、3%甲氨基阿维菌素苯甲酸盐微乳剂2 500～3 000倍液，7～10天1次，防治2次。

十一、瓜绢螟

1. 为害特征

别名瓜螟、瓜野螟。主要为害丝瓜、苦瓜、节瓜、黄瓜、甜瓜、冬瓜、西瓜、哈密瓜、番茄、茄子等。

幼龄幼虫在叶背啃食叶肉，呈灰白斑。3龄后吐丝将叶或嫩梢缀合，匿居其中取食，致使叶片穿孔或缺刻，严重时仅留叶脉（图4-22）。幼虫常蛀入瓜内，影响产量和质量（图4-23）。

2. 生活习性

在广东年发生6代，以老熟幼虫或蛹在枯叶或表土越冬，翌年4月底羽化，5月幼虫为害。7—9月发生数量多，世代重叠，为害严重。11月后进入越冬期。成虫夜间活动，稍有趋光性，雌蛾产卵于叶背，散产或几粒在一起，每雌蛾可产卵300～400粒。幼虫3龄后卷叶取食，蛹化于卷叶或落叶中。卵期5～7天，幼虫期9～16天共4龄，蛹期6～9天，成虫寿命6～14天。浙江第一代为6月中旬，第二代为7月中旬，第三代在8月上旬至中旬，第四代在9月初前后，第五代在10月初前后。

图4-22　瓜绢螟为害叶片状

图4-23　瓜绢螟为害果实状

3. 防治方法

（1）提倡采用防虫网，防治瓜绢螟兼治黄守瓜。

（2）及时清理瓜地，消灭藏匿于枯藤落叶中的虫蛹。

（3）提倡用螟黄赤眼蜂防治瓜绢螟。此外，在幼虫发生初期，及时摘除卷叶，置于天敌保护器中，使寄生蜂等天敌飞回大自然或瓜田中，但害虫留在保护器中，以集中消灭部分幼虫。

（4）近年瓜绢螟在南方周而复始地不断发生，用药不当，致瓜绢螟对常用农药产生了严重抗药性，应引起注意。

（5）加强瓜绢螟预测预报，采用性诱剂或黑光灯预测预报发生期和发生量。

（6）药剂防治掌握在种群主体处在1～3龄时，喷洒30％杀铃·辛乳油1 200倍液或5%氯虫苯甲酰胺悬浮剂1 200倍液或20%氟虫双酰胺水分散粒剂3 000倍液。害虫接触该药后，即停止取食，但作用慢。也可喷洒1.8%阿维菌素乳油1 500倍液、240克/升甲氧虫酰肼乳油1 500～2 000倍液、2.5%多杀菌素悬浮剂1 000倍液、15%茚虫威悬浮剂2 000倍液。

（7）提倡架设频振式或微电脑自控灭虫灯，对瓜绢螟有效，还可减少蓟马、白粉虱的为害。

十二、南瓜斜斑天牛

1.为害特征

南瓜斜斑天牛别名四斑南瓜天牛、瓜藤天牛、钻茎虫，是瓜类藤蔓的主要害虫（图4-24）。主要为害冬瓜、南瓜、丝瓜、节瓜、葫芦等。以幼虫蛀食瓜藤，破坏输导组织，导致被害瓜株生长衰弱，严重时茎断瓜蔫，影响产量和品质。被蛀害的植株抗力减弱，田间匍匐于地面的藤蔓易受白绢病菌侵染，加速其死亡（图4-25）。

图4-24　南瓜斜斑天牛

图4-25　南瓜斜斑天牛为害状

2. 生活习性

年生几代，以老熟或成长幼虫越冬。越冬幼虫在枯藤内于翌年4月陆续化蛹和羽化，蛹期10～14天。5月中旬开始产卵，产卵期长达2个多月。

3. 防治方法

（1）注意田间清洁，冬前彻底清除田间残藤，烧却积肥。特别是爬攀在树上和墙、房上的瓜蔓不可留下，可降低越冬虫口密度。

（2）6—7月间，加强检查，发现瓜株有新鲜虫粪排挂，用注射器注入内吸性杀虫剂毒杀幼虫。5月用50%杀螟丹可溶性粉剂1 000倍液或35%伏杀硫磷乳油300～400倍液喷雾防治成虫，喷雾时应避开瓜花，以防止杀害蜜蜂。

十三、黄瓜天牛

1. 为害特征

黄瓜天牛别名瓜藤天牛、南瓜天牛、牛角虫、蛀藤虫。主要为害南瓜、丝瓜、油瓜、冬瓜、葫芦等（图4-26）。与南瓜斜斑天牛相同。

2. 生活习性

年生1～3代，以幼虫或蛹在枯藤内越冬。翌年4月初越冬幼虫化蛹，羽化为成虫后迁移至瓜类幼苗上产卵，初孵幼虫即蛀入瓜藤内为害。8月上旬幼虫在瓜藤内化蛹，8月底羽化为成虫，成虫羽化后飞至瓜藤上产卵，卵散产于瓜藤叶节裂缝内，幼虫初孵化横居藤内，蛀食皮层。藤条被害后轻者折断、腐烂或落瓜，严重的全株枯萎。成虫羽化后静伏一段时间后咬破藤皮钻出，有假死性，稍触动便落地，白天隐伏瓜茎及叶荫蔽处，晚上活动取食、交配。

图4-26　黄瓜天牛为害状

3. 防治方法

发现瓜株上有新鲜虫粪的蛀孔后，用注射器注入内吸性杀虫剂毒杀幼虫，用药棉蘸少许同样的药液堵塞虫孔，使幼虫中毒死亡。

十四、葫芦夜蛾

1. 为害特征

葫芦夜蛾（图4-27、图4-28）主要为害葫芦科蔬菜、桑。幼虫食叶，在近叶基1/4处啃食成一弧圈，致使整片叶枯萎，影响作物生长发育（图4-29）。

图4-27　葫芦夜蛾成虫

图4-28　葫芦夜蛾幼虫

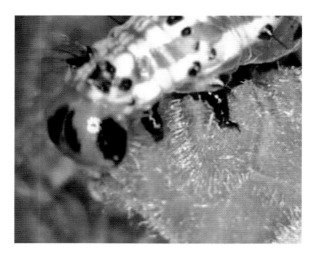

图4-29　葫芦夜蛾为害状

2. 生活习性

在广东年发生5～7代，以老熟幼虫在草丛中越冬。全年以8月发生较多，为害黄瓜、节瓜和葫芦瓜等。成虫有趋光性，卵散产于叶背。初龄幼虫食叶呈小孔，3龄后在近叶基1/4处将叶片咬成一弧圈，使叶片干枯。老熟幼虫在叶背吐丝结薄茧化蛹。

3. 防治方法

零星发生，不单独采取防治措施。

十五、瓜实蝇

1. 为害特征

瓜实蝇别名黄瓜实蝇、瓜小实蝇、瓜大实蝇、"针蜂"、瓜蛆（图4-30）。主要为害苦瓜、节瓜、冬瓜、南瓜、黄瓜、丝瓜、番石榴、番木瓜、笋瓜等瓜类作物。成虫以产卵管刺入幼瓜表皮内产卵，幼虫孵化后即钻进瓜内取食，受害瓜先局部变黄，而后全瓜腐烂变臭，大量落瓜。即使不腐烂，刺伤处凝结着流胶，畸形下陷，果皮硬实，瓜味苦涩，品质下降（图4-31）。

图4-30　瓜实蝇　　　　　　图4-31　瓜实蝇为害状

2. 生活习性

在广州年发生8代，世代重叠，以成虫在杂草、蕉树越冬。翌春4月开始活动，以5—6月为害重。成虫白天活动，夏天中午高温烈日时，静伏于瓜棚或叶背，对糖、酒、醋及芳香物质有趋性。雌虫产卵于嫩瓜内，每次产几粒至10余粒，每雌可产数十粒至百余粒。幼虫孵化后即在瓜内取食，将瓜蛀食成蜂窝状，以致腐烂、脱落。老熟幼虫在瓜落前或瓜落后弹跳落地，钻入表土层化蛹。卵期5~8天，幼虫期4~15天，蛹期7~10天，成虫寿命25天。

3. 防治方法

（1）毒饵诱杀成虫。用香蕉皮或菠萝皮（也可用南瓜、番薯煮熟经发酵）40份、90%美曲膦酯晶体0.5份（或其他农药）、香精1份，加水调成糊状毒饵，直接涂在瓜棚篱竹上或装入容器挂于棚下，每亩放20个点，每点放25克，能诱杀成虫。

（2）及时摘除被害瓜，喷药处理烂瓜、落瓜并要深埋。

（3）保护幼瓜。在严重地区，将幼瓜套纸袋，避免成虫产卵。

（4）药剂防治。在成虫盛发期，选中午或傍晚喷洒5%天然除虫菊素云菊乳油1 000倍液，或用600名灭蝇胺水分散剂2 500倍液或3%甲氨基阿维菌素苯甲酸盐微乳剂3 000~4 000倍液、80%敌敌畏乳油900倍液。

（5）6—7月、9—11月高发期提倡用瓜实蝇性诱剂。选用整支扎针孔诱芯或0号柴油和普通矿泉水瓶制作的诱捕器，防效达80%，持效期100天。

十六、黄蓟马

1. 为害特征

黄蓟马别名菜田黄蓟马、棉蓟马、节瓜蓟马、瓜亮蓟马、节瓜亮蓟马（图4-32）。分布于淮河以南及长江以南各省。主要为害节瓜、胡瓜、水果型黄瓜等瓜类蔬菜作物及葱、油菜、百合、甘薯、玉米、棉、豆类。成虫和若虫在瓜类作物幼嫩部位吸食为害，严重时导致嫩叶、嫩梢干缩，影响生长。幼瓜受害后出现畸形，生长缓慢，严重时造成落瓜。茄子受害后，叶片皱缩变厚，黄化变小，严重的整株枯死。菜用大豆受害，致叶片变黄脱落，豆荚萎缩，子粒干瘪（图4-33）。

图4-32　黄蓟马成虫

图4-33　黄蓟马为害黄瓜

2. 生活习性

发生代数不详，河南以成虫潜伏在土块下、土缝中或枯枝落叶间越冬，少数以若虫越冬，翌年4月开始活动，5—9月进入为害期，秋季受害重。晴天成虫喜欢隐蔽在幼瓜的毛茸中取食，少数在叶背为害，把卵散产在叶肉组织内。发育适温25～30℃，暖冬利其发生。

3. 防治方法

（1）农业防治。春瓜注意及时清除杂草，以减少该蓟马转移到春黄瓜上。注意调节黄瓜、节瓜等的播种期，尽量避开蓟马发生高峰期，以减轻为害。

（2）物理防治。提倡采用遮阳网、防虫网，可减轻受害。

（3）保护利用天敌。

（4）药剂防治。在黄瓜现蕾和初花期，及时喷洒24%螺虫乙酯悬浮剂2 500倍液、25克/升、多杀霉素悬浮剂1 200倍液、25%噻虫嗪水分散粒剂4 500倍液、40%啶虫脒水分散粒剂3 500倍液、10%烯啶虫胺水剂2 500倍液。

十七、侧多食跗线螨

1. 为害特征

别名茶黄螨、茶嫩叶螨、白蜘蛛、阔体螨等（图4-34）。分布在全国各地，长江以南和华北受害重。主要为害黄瓜、甜瓜、西葫芦、冬瓜、瓠子、茄子、辣椒、番茄、菜豆、豇豆、苦瓜、丝瓜、苋菜、芹菜、萝卜、蕹菜、落葵等多种蔬菜。

以成螨或幼螨聚集在黄瓜幼嫩部位及生长点周围，刺吸植物汁液，轻者叶片缓慢伸开，变厚，皱缩，叶色浓绿，严重的瓜蔓顶端叶片变小、变硬，叶背呈灰褐色。叶具油质状光泽，叶缘向下卷，致生长点枯死，不长新叶，其余叶色浓绿，幼茎变为黄褐色，瓜条受害变为黄褐色至灰褐色。植株扭曲变形或枯死。该虫为害状与生理病、病毒病相似，生产上要注意诊断（图4-35）。

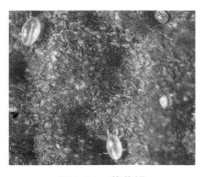

图4-34　茶黄螨

图4-35　西瓜枝蔓叶片变小

2. 生活习性

各地发生代数不一，北京5月下旬开始发生，6月下旬至9月中旬进入为害盛期，温暖多湿利其发生。

3. 防治方法

（1）保护地要合理安排茬口，及时铲除棚室四周及棚内杂草，避免人为带入虫源。前茬茄果类、瓜类收获后要及时清除枯枝落叶并深埋或沤肥。

（2）加强虫情检查，在发生初期进行防治。黄瓜、甜（辣）椒首次用药时间，北京、河北为5月底6月初，早茄子6月底至7月初，夏茄子为7月底8月初，一般应掌握在初花期第一片叶子受害时开始用药，对其有效的杀虫剂有15%唑虫酰胺乳油1 000～1 500倍液、10%虫螨腈悬浮剂600～800倍液、240克/升螺螨酯悬浮剂5 000倍液。

十八、覆膜瓜田灰地种蝇

1. 为害特征

覆膜瓜田灰地种蝇分布在全国各地（图4-36）。主要为害瓜类、十字花科蔬菜、豆科蔬菜、葱等。

瓜类种子发芽时幼虫从芽处钻入，造成种子霉烂不出苗；幼虫蛀害幼苗的根、茎，使瓜株停止生长或全株枯死，造成缺苗断垄，甚至毁种。尤其是早春覆膜西瓜受害重，呈逐年加重的趋势（图4-37）。

2. 生活习性

灰地种蝇在山东年生4代，以蛹越冬，早春西瓜播种后，3月下旬至4月上旬为害西瓜等瓜类作物，4月初1代幼虫进入发生为害盛期，常较露地不覆膜的西瓜田提早5～10天。为害西瓜主要发生在播种后真叶长出之前至第一片真叶展开、第二片真叶露出时，为害期为10～15天。由于发生在出苗前后，再加上覆膜，人们不易发现。主要原因是施用了未腐熟的有机肥，膜下温度高于15℃，均温为24.5℃，较露地高1倍以上，对灰地种蝇生育有利，再加上早春西瓜出苗时间长利于种蝇幼虫蛀害。

图4-36　灰地种蝇成虫

图4-37　黄瓜覆膜瓜田灰地
种蝇为害状

3. 防治方法

（1）进行测报，尽早把病虫防治信息告知瓜农。

（2）施用腐熟有机肥，防止成虫产卵。

（3）采用育苗移栽，不用或少用催芽直播法。

（4）发生期挂蓝板诱杀种蝇和蓟马、每亩挂10～20块经济有效。平均单日可诱到种蝇108头、蓟马103头。

（5）播种时用90%敌百虫可溶性粉剂200克，加10倍水，拌细土28千克，撒在播种沟或栽植穴内，然后覆土。播完后再用美曲膦酯200克拌麦麸3～5千克，撒在播种行的表面后及时覆膜，不仅可有效防止灰地种蝇，且对蝼蛄、蛴螬有兼治效果。

（6）灰地种蝇对黄瓜、西瓜、甜瓜为害期较短，出苗后用1.8%阿维菌素乳油2 000倍液或5%天然除虫菊素乳油1 500倍液灌根，每喷雾器用20毫升，对水20～30升即可，为防止瓜苗产生药害，黄瓜、西瓜苗期尽量不用有机磷农药。

参考文献

党选民. 2016. 瓜类蔬菜栽培实用技术[M]. 北京：中国农业出版社.

封洪强. 2016. 蔬菜病虫草害原色图解[M]. 北京：中国农业科学技术出版社.

黄仲生. 1994. 黄瓜病虫草害防治技术问答[M]. 北京：中国农业科技出版社.

吕佩珂，苏慧兰，李秀英. 2017. 瓜类蔬菜病虫害诊治原色图鉴[M]. 北京：化学工业出版社.

杨秋萍. 2011. 瓜果蔬菜病虫发生与防治技术[M]. 南京：江苏人民出版社.